财政部"十三五"规划教材
高职院校素质教育系列教材

职业伦理与行为规范

王增民　王　佳　主　编
牛惠斌　刘　磊　闫晋虹　副主编

中国财经出版传媒集团
经济科学出版社
Economic Science Press

图书在版编目（CIP）数据

职业伦理与行为规范/王增民，王佳主编．—北京：经济科学出版社，2017.8（2018.9重印）

高职院校素质教育系列教材

ISBN 978-7-5141-8349-8

Ⅰ.①职… Ⅱ.①王…②王… Ⅲ.①职业伦理学－高等职业教育－教材②职业道德－高等职业教育－教材 Ⅳ.①B822.9

中国版本图书馆 CIP 数据核字（2017）第 197430 号

责任编辑：于海汛　郎　晶
责任校对：郑淑艳
版式设计：齐　杰
责任印制：李　鹏

职业伦理与行为规范

王增民　王　佳　主　编
牛惠斌　刘　磊　闫晋虹　副主编
经济科学出版社出版、发行　新华书店经销
社址：北京市海淀区阜成路甲 28 号　邮编：100142
总编部电话：010-88191217　发行部电话：010-88191522
网址：www.esp.com.cn
电子邮件：esp@esp.com.cn
天猫网店：经济科学出版社旗舰店
网址：http://jjkxcbs.tmall.com
北京密兴印刷有限公司印装
710×1000　16 开　10.75 印张　190000 字
2017 年 8 月第 1 版　2018 年 9 月第 2 次印刷
印数：3001—5500 册
ISBN 978-7-5141-8349-8　定价：31.00 元
(图书出现印装问题，本社负责调换。电话：010-88191510)
(版权所有　侵权必究　打击盗版　举报热线：010-88191661
QQ：2242791300　营销中心电话：010-88191537
电子邮箱：dbts@esp.com.cn)

素质教育系列教材编审委员会

主 任：

　　王小云　崔满红

副主任：

　　康同生　武显微　温俊双
　　徐洪波　谢建国　王增民（常务）

成 员：（按姓氏笔画为序）

　　王　佳　王筱鹏　牛炜焱　牛惠斌　史培峰
　　刘　磊　刘德龙　孙永文　李葆宏　张志强
　　赵耀伟　柴巧叶　彭江勇　褚义兵

前　　言

随着我国高等职业教育体制改革的进一步深化，以"素质教育"为核心的内涵式发展已渐渐成为职教改革的"主旋律"。面对现代金融职业教育的发展趋势，早在2013年7月，山西金融职业学院就紧密结合职业院校学生特点，把目光聚焦到职业院校到底应该"培养什么人""为谁培养人""怎么培养人"这个重大命题上，确立了全要素、全过程、全方位的育人机制，努力把"爱，永远会赢"的育人理念贯穿到学校工作的各个层面，努力办"有温度"的教育，形成了特色鲜明的素质教育模式。

在全国高校思想政治工作会议上，习近平总书记强调，高校要坚持以立德树人为根本，把思想政治工作贯穿教育教学全过程，实现全员、全过程、全方位育人，努力开创我国高等教育事业发展新局面。习总书记重要讲话为高校加强思想政治工作和全面推动素质教育指明了方向，更加坚定了山西金融职业学院近几年来实施全员全程全方位大学生素质教育工作的信心。

为了巩固和全面总结学校近几年素质教育的成果，学校决定进一步修订、完善和正式出版试行了三年的素质教育系列教材，提升学校素质教育的深度和广度，推进学校素质教育全面落地生根，也希望能对我国高等职业院校开展大学生素质教育提供有益的借鉴。

一、素质教育就是让学生成为有"文化"、有"情怀"的人

今天，人们普遍感到年青一代尤其是职业院校学生，在人文素质上的欠缺。正是在这一背景下，山西金融职业学院坚持文化引领战略，构建了"晋商文化和社会主义核心价值观""进校园、进教材、进课堂、进头脑"的一体化推进机制，确立了"晋商魂、金融道"的校训，形成了"传承晋商文化，培育金融人才"的办学理念，开设了《晋商文化与晋商精神》的必修课，培养学生努力成为晋商精神的传承者和弘扬者。

学校自编自导自演创作了以弘扬"诚信义利、开拓创新"晋商精神为主题的大型歌舞剧《晋商魂》，用山西的地方艺术讲晋商的故事，被省教育厅确定为"高雅艺术进校园优秀剧目"，《晋商魂》剧社特别团支部获团中央"活力团支部"称号。同时开发了《晋商魂》歌舞艺术课程，每年有400多名学生选修该课程，有效提升了学生的艺术修养。学校建设的晋商展览馆、晋商文化长廊，成为晋商文化体验教学基地，以晋商精神为核心的校园文化蓬勃发展，覆盖了学校文化育人的全过程，晋商文化的传承全面提升了学校的社会影响力，产生了良好的文化育人效果。学校逐渐成为山西省传承和弘扬晋商文化的重要平台。

学校实施文化强校战略四年来，注重以文育人，广泛开展文明校园创建，开展形式多样、健康向上、格调高雅的校园文化活动，扩大了素质教育的覆盖面，提升了学校的综合竞争力，使学生在各类文化活动中，展现自我、锻炼能力、拓展素质和提振精神。文化育人已经成为学校推进素质教育的重要抓手和有力推手。

二、素质教育就是让学生成为有"教养"、守"规矩"的人

人无德不立。"广大青年人人都是一块玉，要时常用真善美来雕琢自己"。学校因事而化、因时而进、因势而新，紧紧把握高职学生有爱心、情商高的特点，从素质教育着手，把全面实施素质教育作为育人工作的重要抓手。

针对职业院校学生的特点和金融行业标准，学校研究制定了《进一步推进素质教育指导意见》，成立了素质教学部和素质教育教研室，制定了"知礼仪、守规矩、讲诚信、尊孝道、强技能、有特长"的育人标准，从一年级开始，从点头微笑问好做起，全面提升学生的综合素养，努力让每个走向社会的学生都成为一个有"教养"、守"规矩"

的人。

学校构建了以立德树人为根本,以思想政治理论课为主体,以《职业伦理与行为规范》《学业职业规划与就业创业指导》《大学生安全与国防教育》《心理卫生与心理健康》和《魅力塑造与礼仪素养》五门素质教育特色课程为支撑,艺术与修养课程群和综合技能课程为补充的素质教育课程体系。

学校把素质教育贯彻到学校工作的每一个层面,渗透到教书育人、科研育人、实践育人、管理育人、服务育人、文化育人、组织育人等各个育人环节中。全面建立和实施引导、指导、督导、评价"三导一评价"辅导员工作机制和学生自主全过程管理,学生与学校共同成长的理念贯穿育人全过程。学校育人目标明确、体系完整、途径清晰、措施得力、效果显著。用人单位普遍认为,山西金融职业学院学生守规矩,懂礼貌,岗位忠诚度高,职业素养高。

三、素质教育就是让学生成为有"技能"、有"梦想"的人

习近平总书记2014年6月23日在全国职业教育工作会议上作出的重要指示,"要树立正确人才观,培育和践行社会主义核心价值观,着力提高人才培养质量,弘扬劳动光荣、技能宝贵、创造伟大的时代风尚,营造人人皆可成才、人人尽展其才的良好环境,努力培养数以亿计的高素质劳动者和技术技能人才"。

响应习总书记的主要指示,针对经济领域人才需求的特点,学校形成了职业素质、专业能力、实践能力"三位一体"人才培养模式,以内涵建设为着力点,以培养高素质技术技能型金融人才为目标,把校企融合办学作为提高育人质量的重要途径,真正构建起了素质教育全过程培养的人才培养机制,努力为学生拓宽成长与梦想的空间,使学生真正成为职业素质高、专业技能强、具有就业综合竞争力的技能型金融职业人才。

目前越来越多的毕业生,凭着良好的职业素质和职业技能找到了适合自己的岗位,学校形成了以山西为主,延伸到北上广深等十几个省市的就业市场格局,被用人单位誉为"素质教育目标明确,职业教

育特色鲜明，符合应用型人才素质要求"的特色学校。

学校因为推进素质教育形成的良好社会反响，引发了多家媒体的关注与报道。近四年来，省内外百余所高校来校考察调研，为学校赢得了良好的社会声誉。根据第三方社会评价机构反馈的数据显示，2014年以来，毕业生对学校的总体满意度都在95%以上。

山西金融职业学院全体教职员工将始终以立德树人为根本，为创造学校素质教育的新局面而不断努力；为让学生成为又红又专、德才兼备、全面发展的人才而努力；为把学校建设成为省内一流、全国知名的金融高等职业院校而努力。

目 录

上篇 一般伦理与日常行为规范

第一章 知礼仪 ·· 3
 第一节 礼仪规范概述 ······································ 3
 第二节 基本礼仪规范的训练与养成 ························ 6

第二章 守规矩 ·· 26
 第一节 日常行为规范概说 ·································· 26
 第二节 日常行为规范的基本内容 ·························· 30
 第三节 日常行为规范养成教育 ···························· 44

第三章 讲诚信 ·· 54
 第一节 诚信概述 ·· 54
 第二节 大学生诚信教育的养成训练 ························ 57

第四章 强技能 ·· 64
 第一节 职业技能概述 ······································ 64
 第二节 大学生职业技能的培养 ···························· 68

第五章 有特长 ·· 74
 第一节 艺术修养课程群概述 ······························ 74
 第二节 大学生特长训练与培养 ···························· 78

第六章　尊孝道 ·········· 83
第一节　中国的孝道文化 ·········· 83
第二节　大学生感恩奉献意识的训练与养成 ·········· 89

下篇　职业伦理与职业行为规范

第七章　职业伦理 ·········· 97
第一节　职业与职业伦理 ·········· 97
第二节　职业道德 ·········· 102

第八章　职业道德基本规范 ·········· 107
第一节　爱岗敬业 ·········· 107
第二节　诚实守信 ·········· 111
第三节　办事公道 ·········· 113
第四节　服务群众 ·········· 115
第五节　奉献社会 ·········· 116

第九章　行业道德训练与养成 ·········· 118
第一节　金融职业道德规范 ·········· 118
第二节　会计职业道德规范 ·········· 131
第三节　信息从业人员职业道德规范 ·········· 136
第四节　国家公务员职业道德规范 ·········· 138

第十章　银行职业道德具体准则 ·········· 143
第一节　临柜人员职业具体准则 ·········· 143
第二节　客户经理职业具体准则 ·········· 147
第三节　管理人员职业具体准则 ·········· 150

附件　山西金融职业学院学生素质教育培养目标量化考核办法 ·········· 156
后记 ·········· 162

上篇
一般伦理与
日常行为规范

第一章

知 礼 仪

学习目的和要求

- 了解基本礼仪规范的重要性
- 掌握礼仪规范的具体内容，努力做到在思想上和行动上自觉履行应具备的礼仪规范

好的礼仪不仅可以美化人生，而且可以培养人们的社会性，同时还是社会生活和交往的需要。孟德斯鸠曾说，我们有礼貌是因为自尊。礼貌使有礼貌的人喜悦，也使那些受人礼貌招待的人喜悦。掌握基本的礼仪规范有助于大学生提升自己的形象，构建良好的人际交往环境；有助于彰显校园文化环境的精、气、神；有助于中国特色社会主义和谐社会的建设。

本章主要从个人礼仪、社交礼仪、家庭礼仪三大方面来为学生的礼仪规范设置一些标准，以案例分析、情景展示、小组合作等方式来实践礼仪规范的要求，从细节处来感受礼仪带给个人的益处。

第一节 礼仪规范概述

引例分析

一个小男孩不懂得见到大人要主动问好、对同伴要友好团结，缺少礼貌仪式。妈妈为了纠正他的这一缺点，把他领到了山谷中，让他对着周围的群山喊："你好，你好。"山谷自然回应："你好，你好。"妈妈又让他喊："我爱

你，我爱你。"山谷也回应："我爱你，我爱你。"小孩惊奇地问妈妈这是为什么。妈妈告诉他："朝天空吐唾沫的人，唾沫会落到他的脸上；尊重别人的人，别人也会尊重他。因此，不管是经常见面还是远隔千里，都要时时处处尊重别人。"

思考：
（1）这则故事使我们明白了什么道理？
（2）说一说：自己在生活中是怎样平等尊重他人的？

理论提升

一、学习礼仪规范的重要性

（一）展现形象的外在魅力

服饰、仪表是首先进入人们眼帘的，特别是与人初次相识时，由于双方不了解，服饰和仪表在人们心目中占有很大分量。整洁的仪表，得体的修饰，这是最基本的要求。只要是适合自己体形，漂亮又有新意的衣服，就应当大胆穿着。服饰的个性，也能让人判断出你的审美观和性格特征。

（二）言谈举止放大内在形象

言谈举止是一个人精神面貌的体现，言谈要有幽默感。在社交活动中，谈吐幽默的人往往受人欢迎。在交际场合，幽默的语言极易迅速打开交际局面，使气氛轻松、活跃、融洽。在出现意见有分歧的难堪场面时，幽默、诙谐便可成为紧张情境中的缓冲剂，使朋友、同事摆脱窘境或消除敌意。此外，幽默、诙谐还可以用来含蓄地拒绝对方的要求，或进行一种善意的批评。大家平时应多积攒一些妙趣横生的幽默故事。

（三）发挥微笑的魅力

保持微笑，似蓓蕾初绽。真诚和善良，在微笑中洋溢着感人肺腑的芳香。微笑的风采，包含着丰富的内涵。它是一种激发想象和启迪智慧的力量。在社交场合，轻轻的微笑可以吸引别人的注意，也可以使自己及合作者心情轻松些，靠微笑扮靓自己、提升人格、感染周围。

（四）充分展示性别美

男士切忌流露出狭隘和嫉妒的心理，不要斤斤计较，更不要睚眦必报。男人的性别美，是一种粗犷的美、内涵的美，真正的男子汉应该有性格、有棱角、有力度、有一种阳刚之气，而那些扭扭捏捏的奶油小生则让大多数人难以接受。而女性美普遍被人认可的形象一直是娴静的、温柔的、甜美的。女性容貌清秀，线条柔和，言谈举止中所散发出来的脉脉温情强烈动人。交际时，女性如能巧妙地利用自己的性别特点，表现得谦恭仁爱，热情温柔，一般总能激起男性的爱怜感和保护欲。女性自然的柔和所产生的社交力量，有时比"刚强"的力量要大得多。聪明的女性总是自觉地突出自己的性别形象。

▶ 知识链接

判断一个人需要多久时间？

二、礼仪规范的基本原则

（一）要以尊重为本

第一，要学会自尊。尊重自我——在人际交往中约束自己的行为。尊重自己的职业，要有一技之长。尊重自己的单位，要爱岗敬业、忠于职守。

第二，要学会尊重他人。要尊重上下级，尊重同事，尊重客户，尊重任何人。

（二）要善于表达

第一，要向别人表达出你有主动沟通的善意。

第二，要学会积极的表达，最基本的要求是要表达出对对方的尊重，在此基础上，要学会用规范的形式表达出来。

（三）要形式规范

这里的形式规范要求主要包括形象、言谈和处事三个方面。形象方面的要求主要涉及仪表、仪容、仪态三个层次。言谈主要涉及交谈和接打电话。处事最重要的是换位思考、谦以待人。

课堂实训

活动要求：以下列事件为背景，4名同学为一组，演示如何接待老师。

一、实训内容

第一组：老师到学生宿舍探望
1人扮演教师，3人扮演学生。
第二组：老师家访
1人扮演老师，1人扮演学生，2人扮演家长。
第三组：邀请老师参加班级活动
1人扮演老师，2人扮演学生，1人扮演负责接待的学生。
第四组：到办公室找老师
1人扮演学生，3人扮演老师。

二、实训要求

（1）剧本的编写要求剧情合情合理、内容饱满、有新意、具有连贯性。
（2）表演前，各小组应上交剧本，并告知本小组模拟的情境或场合，同时说明小组成员分别扮演的角色。

三、实训标准

（1）合理运用礼仪规范的基本原则。
（2）展示出相关角色应有的仪表、仪容、仪态。
（3）快速建立良好的第一印象。

四、实训总结

（1）实训过程中的礼仪技巧和时机场合的重要性。
（2）如何充分展示自己的优势，回避不足。

第二节　基本礼仪规范的训练与养成

引例分析

"先生与无赖"的故事

一个人走进酒店要了酒菜，吃完摸摸口袋发现忘了带钱，便对老板说："店家，今日忘带钱了，改日送来"。店老板连声："不碍事，不碍事"，并恭敬地把他送出了门。

这个过程被一个无赖给看见了，他也进了饭店要了酒菜，吃完后装模作样地摸了一下口袋对店老板说："店家，今日忘带钱了，改日送来。"

谁知店老板脸色一变，揪住他，非剥他的衣服不可。

无赖不服，说："为什么刚才那人可以赊账，我就不行？"

店家说："人家吃饭，筷子在桌上找齐，喝酒一盅盅地筛，斯斯文文，吃罢掏出手绢揩嘴，是个有德行的人，岂能赖我几个钱。你呢？筷子在胸前找齐，狼吞虎咽，吃上瘾来，脚踏上条凳，端起酒壶直往嘴里灌，吃罢用袖子揩嘴，分明是个居无定室、食无定餐的无赖之徒，我岂能饶你！"

一席话，说得无赖哑口无言，只得留下外衣，狼狈而去。

思考：

（1）店家到底是凭什么判断出谁是正人君子，谁是无赖呢？

（2）我们从这个故事中得到了哪些启示呢？

理论提升

一、个人礼仪的训练及养成

（一）仪表礼仪的训练与养成

仪表指的是人的外表、外貌。具体来谈，包括以下四个方面：面容、头发、肩臂、腿部。

1. 面容系列

（1）面容系列之眼睛：保洁眼部，分泌物及时清除；社交与公众场合不佩戴墨镜。

任务：眼镜与脸型相反原则，让你懂更多。

圆脸并且皮肤偏白的类型，适合任何款式及颜色的镜框。佩戴圆形镜框，会让人看起来更圆润可爱。大圆的眼镜不适合脸型偏短的人。镜框面积比较大，脸短小的人会显得更短小。

方形脸，方中带圆的镜框比较适合。此类镜框透明的面积较大，自然会看到眼妆，所以眼妆要化出神采来，重点是眼线和睫毛。

椭圆框综合了圆形和长方形，是比较大众化的镜框，戴起来有学者型气质。

（2）面容系列之耳朵：注意卫生，定时清洁耳朵。

（3）面容系列之鼻子：鼻子是整个面部层次最高的部位。鼻子的挺拔会让脸型更具立体感。理想的完美鼻子是与整个面部比例息息相关的。鼻子的修饰化妆要根据妆容的场合来定，如果只是日常的化妆，建议不要做过多的修饰，更讲究的是自然。化妆一定不是掩饰，也不是完全的修饰，而是突出自己面部的优点，弱化缺点。

（4）面容系列之嘴巴：男士尽量避免留胡须，要养成勤刷牙的习惯，要不吃带有强烈气味的蔬菜，要避免吸烟喝酒不良嗜好。

（5）面容系列之脖颈：要保持清洁，注意保养。

2. 头发系列

（1）勤于梳洗，梳好、剪好和清理好头发。每天应洗发，如果有头皮屑应该尽快治疗处理。女性应该定期对头发做修剪和保养。发型发色应当简洁自然，不宜烫染过于夸张的发型发色。女士的头发最好不挡住眼睛，出席正式商务活动最好将长发挽束。头发上不宜佩戴过分花哨夸张的发饰品。

（2）长短适中：注意性别因素；身高因素；年龄因素；职业因素。

（3）发型得体：注意个人条件和所处场合的不同。

3. 肩臂系列

在非常正式的场合，不宜穿半袖装或无袖装。

4. 腿部系列

正式场合不宜光脚穿鞋；勤于修剪、去除死趾甲。在正式场合，不允许男士的着装暴露腿部，即不允许其穿短裤；女士可以穿长裤、裙子，但不得穿短裤或超短裙，越是正式的场合，讲究女士的裙子越长。在庄严、肃穆的场合，女士的裙长应过膝。

（二）仪容礼仪的训练及养成

1. 微笑礼仪

微笑是最重要的表情礼仪。

▶ 知识链接

"希尔顿"的微笑

多年来，希尔顿旅馆业之所以成为当今世界的"饭店之王"，微笑服务是这辉煌大厦的一块奠基砖。希尔顿成功的秘诀，说明了一个真理，那就是服务业与顾客打交道，顾客得到的不只是有形的商品，还有无形的商品，还有无形服务。这种服务既包括生理需求上的享受，亦包括精神上、心理上的需求满足。

希尔顿说："微笑是属于顾客的阳光。"

2. 眼神礼仪

（1）目光要亲切、自然、坦诚。

（2）注视的时间要适当。一般来说，注视时间应控制在整个谈话过程的

30%～70%之间。

（3）注视的位置要得体。

①双眼——关注型注视。

②额头——公务型注视。

③眼睛到嘴部的"三角区"——社交型注视。

④眼部至胸部——近亲密型注视。

⑤眼部至裆部——远亲密型注视。

⑥任意部位——随意型注视。

（4）目光要集中。

（5）目光的运用要注意场合。

3. 化妆礼仪

（1）技术上的要求。

①化妆的浓淡要根据时间场合而定。

春夏秋冬的妆容应该根据具体场合来确定，但是，在炎热的夏季，最好化淡妆，以免出汗影响妆容整体效果，在夜晚，有特殊需要可以化浓妆。

场合：上班妆——淡

　　　社交妆——雅

　　　舞会妆——个性

②化妆要与年龄、气质、脸型、肤色、服饰相协调。

＊要与年龄、气质相协调

深色调——理智、沉稳

中色调——娴熟、文静

亮色调——活泼、开朗

＊要与自己肤色相协调，粉底霜的选择一般应选用接近或略深于自己肤色的颜色。例如：

肤色嫩白透红——乳白色

肤色较黑——玉色

肤色苍白——粉红色

肤色蜡黄——玫瑰色

＊要与脸型相协调，例如：

（a）眉毛的画法。

直线眉——长脸型

上升眉——圆脸型

棱角眉——方型脸

柳叶眉——鹅蛋脸

（b）嘴巴的画法。

厚嘴唇——把嘴唇轮廓收进1～2毫米

薄嘴唇——把嘴唇轮廓扩展1～2毫米

＊要与服饰相协调

穿质感厚重、线条硬朗的粗花呢服装或牛仔装时，粉底、眼影、口红要厚实些；穿绸质衣裙时，粉底、眼影、口红要选用有光泽的艳丽颜色。

（2）礼节上的要求。

①不要在公共场所化妆。

②不要在异性面前化妆。

③不议论他人的化妆。

④不要过分热情地帮他人化妆。

⑤不借用他人化妆品。

⑥不要使妆面出现残缺。

⑦不宜使用气味浓烈的香水。

（三）仪态的训练及养成

仪态是指人们的举止和体态，主要包括：站姿、坐姿、走姿。

1. 站姿系列

（1）基本要求。

身正、头端、挺胸、收腹、拔背、立腰、腿宜、手垂。

（2）基本姿势。

立正：两脚跟并拢，脚尖打开，两膝靠紧，两手自然下垂，身体重心落在两脚上。

跨立：男士站姿。左脚向左横向迈出一小步，两脚平行，两脚间距离不超过肩宽，身体重心在两脚上，双手在腹前交叉。

稍息：女士站姿。左脚在前，左脚跟紧靠右脚内侧2/3处，双手放于腹前，重心可放在两脚上，也可放在一只脚上。

（3）禁忌站姿。

①全身不够端正。头歪、肩斜、背弓、臀撅、膝屈等。

②双腿叉开过大。

③双脚随意乱动。

④表现自由散漫。扶、拉、倚、靠、趴、踩、蹬着物体。

（4）补充：下蹲的姿势。

①基本方法：单膝点地式、双腿高低式、双腿交叉式。

②主要禁忌：双腿平行叉开。

2. 坐姿系列

（1）就座的注意事项。

注意顺序——礼让尊长

讲究方位——左进左出

落座无声——轻放稳调

入座得法——有备而坐

离座谨慎——轻起轻离

（2）坐定的姿势。

双目平视，下颌微收；腰部挺起，上身正直，躯干与颈、髋正对前方并在一条直线上；两臂自然弯曲，双手可以十指交叉或一只手搭在另一只手背上，然后手心向下，并放在腿上或桌面上；女士应双膝并拢，可根据需要或习惯双腿正立或侧放；男士双膝可少许打开，但不宜幅度过大。

（3）规范坐姿。

①女士坐姿。

垂直式：上身挺直，双膝并拢，两脚可以正立，或同时放向左侧或右侧，与地面约呈45度角，两小腿并拢，两手叠放在左腿或右腿上均可。

后点式：上身挺直，大腿并紧，双小腿向后屈回，前脚掌着地，双手叠放在其中一条腿上。

曲直式：上身挺直，左腿前伸，全脚掌着地，右小腿屈回，用前脚掌着地，两大腿靠紧，两脚前后在一条直线上，双手叠放在左腿上。

前伸式：上身稍前倾，腰挺直，双膝并拢，两小腿向前伸出，并与地面呈45度角，全脚掌着地，双手自然叠放在大腿上。

交叉式：上身挺直，立腰，两腿并拢前伸，右脚置于左脚之上或左脚置于右脚之上，在两踝关节处交叉，两脚前端外侧着地，膝部可以略微展开，双手自然放在大腿上。

重叠式：上身稍前倾，左小腿垂直于地面，全脚掌着地，右腿重叠于左腿上，且小腿向里收，脚尖向下，双手交叉支撑于腿上。

②男士坐姿。

开关式：上身坐直，两小腿前后分开，一条腿小腿与地面垂直，全脚掌着地，另一条腿小腿屈回，前脚掌着地，膝部可以略微展开，双手叠放在两腿上。

开膝合手式：上身稍前倾，两膝部展开不超过肩宽，小腿垂直于地面，双脚全脚掌着地，两手合握于腹前。

交叉后点式：上身坐直，两脚交叉，小腿向后屈回，主要靠下面的脚支撑地面，双手叠放在腿上。

前伸式：上身稍向后，形体舒展，两小腿前伸，双脚在踝关节处交叉，两手放在椅子或沙发扶手上。

重叠式：上身坐直，右小腿垂直于地面，左腿重叠在右腿上，左小腿向里，脚尖向下，双手交叉放于左腿上。

③禁忌的坐姿。

体位不规范：仰靠在坐具背上、频繁变换坐姿等；

手位不合礼：双手抱在胸前，或抱在脑后，或夹在大腿之间，或做小动作等；

腿脚姿势不得体：双脚向前伸出过远、伸出的脚尖朝上、高架"二郎腿"并以手相抱、腿脚不停抖动、腿放在其他物体上等。

3. 走姿系列

（1）走姿的规范要求。

上身挺直，双肩平稳，目光平视，下颌微收，面带微笑。

挺胸、收腹，使身体略微上提。

手臂伸直放松，手指自然弯曲，双臂自然摆动。

步幅不要太大。

女士行走时，走直线交叉步，上身不要晃动，尽量保持双肩水平。

（2）基本的走姿。

全身伸直，昂首挺胸；

起步前倾，重心在前；

脚尖前伸，步幅适中；

直线前进，自始至终；

双肩平稳，两臂摆动；

全身协调，匀速前进。

（3）禁忌的走姿。

①方向不定。

②瞻前顾后。

③速度多变。

④声响过大。

⑤八字步态。

二、大学生社交礼仪的养成与训练

（一）社交礼仪的基本原则

真诚尊重的原则：真诚是对人对事的一种实事求是的态度，是待人真心真意的友善表现。真诚和尊重首先表现为对人不说谎、不虚伪、不骗人、不侮辱人。"骗人一次，终身无友。"所以我们要对他人有正确的认识，相信他人，尊重他人。所谓心底无私天地宽，真诚的奉献，才有丰硕的收获，只有真诚尊重对方才能使双方心心相印，友谊地久天长。

平等适度的原则：平等在交往中应表现为不要骄狂，不要我行我素，不要自以为是，不要厚此薄彼，不要傲视一切，目空无人，更不能以貌取人，或以职业、地位、权势压人，而是应该处处时时平等谦虚待人，唯有如此，才能结交更多的朋友。适度的原则是交往中把握分寸，根据具体情况、具体情境而行使相应的礼仪，如在与人交往时，既要彬彬有礼，又不能低三下四；既要热情大方，又不能轻浮谄谀，要自尊但不要自负，要坦诚但不能粗鲁，要信人但不要轻信，要活泼但不能轻浮。

自信自律的原则：自信是社交场合的一份很可贵的心理素质，一个有充分信心的人，才能在交往中不卑不亢、落落大方，遇强者不自惭，遇到磨难不气馁，遇到侮辱敢于挺身反击，遇到弱者会伸出援助之手。

信用宽容的原则：信用即讲信誉的原则。在社交场合尤其要讲究：一是要守时，与人约定时间的约会，如会见、会谈、会议等，绝不应拖延迟到。二是要守约，即与人签订的协议、约定和口头答应的事，要说到做到，即所谓"言必信，行必果"。故在社交场合，如没有十分的把握就不要轻易许诺他人，许诺做不到，反落了个不守信的恶名，从此会失信于人。宽容是一种较高的境界，容许别人有行动与见解自由，对不同于自己和传统观点的见解耐心公正的容忍。站在对方的立场去考虑一切，是你争取朋友最好的方法。

（二）社交礼仪的基本惯例

女士优先惯例。这一点不用过多的解释，在日常生活中很多有绅士风度的男士都是这样做的。社会也公认女士享有优先权，不遵守这一成规会被看做失礼。比如现在的演讲，开场白总是把女士放在首位，都是先说女士们，再说先生们。这表明女士是很受尊敬的。

等距离惯例。所谓等距离原则，是指在社交场合，特别是在一些应酬中对待众多的朋友，应努力做到一视同仁，不要使人感觉到明显的亲疏远近、冷暖暗明之分。在这方面有一点特别要注意，那就是在握手寒暄时应按礼节规定的顺序依次进行,不要跳跃式地进行,与多人握手时要注意与每人握手的时间应大致相等。

尊重隐私惯例。隐私,即不愿告诉他人和不愿意公开的个人情况。国内外的社交活动中均尊重个人隐私权,凡涉及个人隐私的一切问题,在交往中均应回避,否则会引起对方的不悦,自己也感到尴尬。一般要做到五不问:不问年龄、不问婚否、不问经历、不问收入、不问健康。

修饰避人惯例。所谓修饰避人就是维护自我形象的一切准备工作应在幕后进行,绝不可以在他人面前毫无顾忌地去做。比如在客人面前打领带、提裤子、整理内衣、化妆或补妆、梳理头发等。这些举动都是不礼貌的行为。

不的惯例。不过分开玩笑,不要乱起绰号,不随便发怒,不当面纠正,不言而无信,不恶语伤人,不热情过度,不妨碍他人。

(三) 社交礼仪规范应该把握的几大内容

1. 交往礼仪之自我介绍

(1) 仪态大方,表情亲切。仪态一定要自然、友善、亲切、随和。应镇定自信、落落大方、彬彬有礼。既不能唯唯诺诺,又不能虚张声势、轻浮夸张。应表示自己渴望认识对方的真诚情感。任何人都以被他人重视为荣幸,如果你态度热忱,对方也会热忱。语气要自然,语速要正常,语音要清晰。在自我介绍时镇定自若,潇洒大方,有助给人以好感;相反,如果你流露出畏怯和紧张,结结巴巴,目光不定,面红耳赤,手忙脚乱,则会被他人所轻视,彼此间的沟通便有了阻隔。

(2) 注意时机和时间。要抓住时机,在适当的场合进行自我介绍,对方有空闲,而且情绪较好,又有兴趣时,这样就不会打扰对方。自我介绍时还要简洁,言简意赅,尽可能地节省时间,以半分钟左右为佳。不宜超过一分钟,而且愈短愈好。话说得多了,不仅显得啰唆,而且交往对象也未必记得住。为了节省时间,作自我介绍时,还可利用名片、介绍信加以辅助。

(3) 掌握基本程序:致意—回应—介绍。自我介绍的基本程序是:先向对方点头致意,得到回应后再向对方介绍自己的姓名、身份和单位,同时递上准备好的名片。

自我介绍的内容应准确,其恰当三要素为:姓名、单位、职务。

2. 交往礼仪之介绍者

(1) 介绍的姿势。

作为介绍者,在特定的场合无论介绍哪一方,都应该保持手势动作得体大方,手心朝左上,四指并拢,拇指张开,胳膊向外伸,并同时指向被介绍的一方，并向另一方点头微笑，上体前倾15度，手臂与身体呈50~60度。同时，在介绍的过程中，应微笑着用自己的视线将另一方的注意力引导过来，态度热情友好，语言清晰明快。

（2）介绍的顺序。

先介绍男士给女士，介绍年轻的给年长的，介绍职位低的给职位高的，介绍客人给主人，介绍晚到者给早到者，介绍未婚给已婚。

（3）介绍时应注意的事项。

①介绍者为被介绍者介绍之前，一定要征求一下被介绍者双方的意见，切勿上去开口即讲，显得很唐突，让被介绍者感到措手不及。

②被介绍者在介绍者询问自己是否有意认识某人时，一般不应拒绝，而应欣然应允。实在不愿意时，则应说明理由。

③介绍者和被介绍者都应起立，以示尊重和礼貌；待介绍者介绍完毕后，被介绍双方应微笑点头示意或握手致意。

④在宴会、会议桌、谈判桌上，视情况介绍者和被介绍者可不必起立，被介绍双方可点头微笑致意；如果被介绍双方相隔较远，中间又有障碍物，可举起右手致意，点头微笑致意。介绍完毕后，被介绍双方应依照合乎礼仪的顺序握手，并且彼此问候对方。问候语有"你好、很高兴认识你""久仰大名""幸会幸会"，必要时还可以进一步做自我介绍。

介绍具体人时，要有礼貌地以手示意，而不要用手指指点点。

3. 交往礼仪之握手

（1）握手时，若掌心向下显得傲慢，似乎处于高人一等的地位。用指尖握手，即使主动伸手，也会给对方一种十分冷淡的感觉。

（2）通常是长者、女士、职位高者、上级、老师先伸手，然后年轻者、男士、职位低者、下级、学生及时与之呼应。

（3）男士和女士之间，绝不能男士先伸手，这样不但失礼，而且还有占人便宜的嫌疑。但男士如果伸出手来，女士一般不要拒绝，以免造成尴尬的局面。

（4）握手时软弱无力，容易给人感觉缺乏热忱，没有朝气；但是也不要用力过大，力度不超过两千克为宜。

（5）握手时间可根据双方的亲密程度掌握。初次见面者，握一两下即可，一般控制在3秒钟之内，切忌握住异性的手久久不放。

（6）忌用左手与他人握手，除非右手有残疾或太脏了，特殊情况应说明原因并道歉。

（7）男士勿戴帽子和手套与他人握手，但军人不必脱帽，而应先行军礼，然后再握手。在社交场合女士戴薄纱手套或网眼手套可不摘；但在商务活动中只讲男女平等，女士应摘手套，且男士仍不为先。

（8）握手后，不要立即当着对方的面擦手，以免造成误会。

4. 交往礼仪之名片

（1）双手去接，面带笑容，点头并道谢。

（2）认真阅读，尽量记住对方基本信息。

（3）精心存放（名片夹、公文包、办公桌、上衣口袋），切不可在名片上放置其他东西。

（4）接受对方名片后，应立即回给对方自己的名片，如果没有名片，应及时道歉。注意：

忌使用高档材质，彩色纸张，应简单朴素；

忌绘有复杂图案，应简洁大方；

忌使用繁体汉字，中外文同一面及格言警句，应中外文各一面；

忌职衔繁多，至多不宜多于两个；

忌残损折皱，一旦残损折皱则不宜赠与他人；

忌涂改，赠与他人的名片上不可涂改，如信息有变，需要重新印刷；

忌抛弃他人名片，应尊重他人，认真保存。

5. 交往礼仪之谈话

（1）语言要求：文明礼貌准确。

（2）学会倾听：记住说话者的名字；专注有理，身体向说话者倾斜；保持微笑；适当的反应（点头、微笑、回应等）。

6. 交往礼仪之称呼

（1）生活中的称呼。

①对亲属的称呼。

常规：祖父，曾祖父、表兄，表弟，堂兄，堂弟。

特例：对本人的亲属，应采用谦称。称辈分或年龄高于自己的亲属，可在其称呼前加"家"字，如"家父""家叔""家姐"。称辈分或年龄低于自己的亲属，可在称呼前加"舍"字，如"舍弟""舍侄"。称自己的子女，则可在其称呼前加"小"字，如"小儿""小婿"。

对他人的亲属，应采用敬称。对其长辈，宜在称呼之前加"尊"字，如"尊母""尊父"。对其平辈或晚辈，宜在称呼之前加"贤"字，如"贤妹""贤侄"。若在其亲属的称呼前加"令"字一般可不分辈分或长幼，如，"令堂""令尊""令爱""令郎"，对待比自己辈分低、年纪小的亲属，可以直呼其名，使用其爱称、小名，或是在其名字之前加上"小"字相称，如，"长发""毛毛""小宝"等。

②对朋友、熟人的称呼。

(a) 敬称。

对任何朋友、熟人，都可以人称代词"你""您"相称。对长辈、平辈，可称其为"您"。

对待晚辈，则可称为"你"。以"您"称呼他人，是为了表示自己的恭敬之意。

对于有身份者、年纪长者，可以"先生"相称，其前还可以冠以姓氏。

对文艺界、教育界人士，以及有成绩者、有身份者，均可称之为"教师"。

对德高望重的年长者、资深者，可称之为"公"或"老"，如，"沛公"。若被尊称者名字为双音，则可将其双名中的头一个字加在"老"之前，如可称沈雁冰先生为"雁老"。

(b) 姓名的称呼。

平辈的朋友、熟人，均可彼此之间以姓名相称。长辈对晚辈也可这么做。为了表示亲切，可以在被称呼者的姓前分别加上"老""大"或"小"字相称。对同性的朋友、熟人，若关系极为亲密，可以不称其姓，直呼其名。对于异性一般不可如此。

(c) 亲近的称呼。

对于邻居、至交，有时可用"大爷、大娘、大妈、大伯、大叔、大婶、伯伯、叔叔、爷爷、奶奶、阿姨"等类似血缘关系的称呼，令人感到亲切。称呼时也可加上姓氏。

③对普通人的称呼。

(a) 叫"同志"。

(b) 叫"先生、女士、小姐、夫人、太太"。

(c) 称职务、职称。

(d) 入乡随俗，用地方叫法。

(2) 工作上的称呼：分职务性称呼、职称性称呼、学衔性称呼、行业性称呼、姓名性称呼五种。

①职务性称呼。分三种：

仅称职务：主任。

在职务前加姓氏：张主任。

在职务前加姓名，仅适合极其正式的场合：张京磊副司令。

②职称性称呼。也分三种：

仅称职称：教授。

在职称前加姓氏：李教授。

在职称前加姓名，仅适合极其正式的场合：李季伦教授。

③学衔性称呼。主要增加被称呼者的权威性，用于增强现场的学术气氛。分四种：

仅称学衔：博士。

在学衔前加姓氏：王博士。

在学衔前加姓名：王尔豪博士。

将学衔具体化，说明其学科：工学博士王尔豪。

④行业性称呼。

称呼职业：老师、教练、律师、警官、医生、法官等，一般情况在此类称呼前可加上姓氏或姓名。

称呼"小姐、女士、先生"：一般对商界、服务业从业人员的称呼。注意，未婚者称"小姐"，已婚者或不明确婚否者称"女士"。可加上姓氏或姓名。

⑤姓名性称呼。在工作岗位上，一般用于同事、熟人。

直呼其名。

只呼其姓，不称其名，但在前面加上"老、大、小"。

只呼其名，不呼其姓。应用于同性之间、上司称呼下级、长辈称呼晚辈。亲友、同学、邻里也适用。

7. 交往礼仪之电话礼仪

（1）电话礼仪的基本要求。

①融入笑容的声音：清晰、音量适中。

②掌控时间：吃饭和休息不致电。

③通话一般不超过三分钟。

（2）打电话。

①事先准备电话资料。

②将通话内容按重要程度依次列出。

③挂断电话前说谢谢再见。

④轻挂电话。

（3）接电话。

①三声后接听。

②问好，积极回应，不要打断别人的话。

③多用敬语致谢再见。
④等对方先挂电话，自己再挂。

8. 交往礼仪之拜访

（1）恰当选择时间。
①前提：一般情况下不要随意拜访别人。
②原则：尽量争取在主人最方便的时间里拜访。
③应避开的三个时间：一是避开主人的休息时间；二是避开主人一日三餐的就餐时间；三是避开主人生活中的习惯时间。
④最佳拜访时间。
家中拜访：在国内，节假日的下午或平时的晚饭后；在国外，上午10时左右，下午4时左右，也可在晚上9时以前。
公务拜访：每周二至周四上午9时以后或下午4时以前。

（2）提前预约。
①预约方式：打电话、写信、请人代传言、明信片、请柬、传真等。
②预约内容：拜访的目的、时间、地点。
③严格守时、准时准点到达。

（3）如有急事来不及提前预约，见面后应向主人表示歉意，说明理由。

（4）即使是事先约好的，拜访时也不要带主人事先不知道的其他客人。

（5）登门拜访着装要整洁，仪表要得体。影响着装的因素有三：
①被访者是自己的上级、长辈或行政管理者——庄重讲究。
②被访者是自己的同学、同事、好友、老熟人——随意些。
③与所到场合的环境氛围相协调。

（6）拜访的注意事项。
①主人开门后没有邀请进屋，不擅自入室，并慎收携带物，禁止"浏览参观"。
②主人邀请进屋后不要急于落座，主人示意后先道谢再与主人同时落座。
③进门后先向女主人致意，再向男主人致意，有小孩在场时应适度表示喜欢。
④主人送上水、果品或饮料，应起身双手接过并道谢。

（7）告辞。
①告辞的时间——一般为30分钟左右。
②告辞的时机——相对"冷淡"时。
③告辞的语态——有礼貌地打招呼。
④告辞的举止——提出告辞，应立即起身道别，并检查随身携带的物品。

9. 交往礼仪之距离

（1）亲密距离：6～18英寸之间（15～44厘米）。15厘米以内，是最亲密区间，彼此能感受到对方的体温、气息。15～44厘米之间，身体上的接触可能表现为挽臂执手，或促膝谈心。44厘米以内，在异性，只限于恋人、夫妻之间等，在同性别的人之间，往往只限于贴心朋友。

（2）个人距离：1.5～4英尺之间（46～122厘米）这是人际间隔上稍有分寸感的距离，较少有直接的身体接触。

（3）社交距离：4～12英尺（1.2～3.7米）这已超出了亲密或熟人的人际关系，而是体现出一种公事上或礼节上的较正式关系。

（4）公众距离：12～25英尺（3.7～7.6米）。

三、大学生家庭礼仪的训练与养成

（一）尊敬父母

对父母的孝还要体现在善于说礼仪的语言。多说点温暖父母的知心话，要做到四多两少。多一点称谓，没事就多称呼一下爸爸、妈妈，那就是孝顺。多一点敬语，这就是用您来称呼父母。我们上下有别，下级称呼上级要称您，晚辈称呼长辈也要称您，用"您"称呼父母的时候，让父母感到备受尊重。我们很多朋友你长你短，那是平级的称谓。接下来要用的基本语言就是"谢谢"。多一点问候，多一点赞美。

要少提要求，不要要求父母跟我们一样，要理解我们的父母。我们要顺着父母。什么叫孝顺？孝顺以顺为孝。不要谴责父母。第二个少是少一点争执。我们和父母在一起的时候，父母总会拿自己的人生经验来教育我们。这时候我们作为子女的往往第一反应是腻烦。其实我们要做到两个理解，第一理解父母的苦心，第二理解父母的经验应该对你有借鉴意义。

（二）家庭礼仪教育——6个注意

1. 早上起床要注意

（1）每天早起后要向父母尊长说："早上好！"如果父母尊长还没起床，要轻手轻脚，切勿打扰他们。

（2）起床后锻炼身体、朗读、背诵课文或听广播、看电视新闻音量适中，以免影响家人或左邻右舍的休息。

2. 日常着装要注意

着装得体（朴素、整洁、大方），符合学生身份。

（1）T.P.O原则，即根据时间（Time）、地点（Place）、场合（Occasion）

来确定服饰搭配，符合大学生的身份特点。

（2）不过分追求品牌效应，注意内外兼修自然美。

（3）视觉效果抢眼的单品能够吸引眼球，但是身上的这类单品不要超过两件，否则事倍功半。

（4）混搭的精髓在于不拘一格，无论单品的贵贱或新旧，都可以根据需要进行合理搭配。

（5）找出那些能让你的脸色与皮肤更加鲜亮的颜色，这些颜色最适合你。

（6）首饰等饰物也是穿衣搭配的重要组成部分，千万不要忽略它们。

（7）在学习中确定自己的个性，无论是风格还是色彩搭配，适合自己的就是最好的，学会驾驭这些你最擅长的元素，在不断地积累中，逐渐提高品位，建立属于你自己的气场。

3. 餐饮时要注意

长辈先坐，表达敬意；
坐要端详，不可喧闹；
细嚼慢咽，不出声响；
讲时讲礼，合理饮食；
营养均衡，浪费可惜。

（1）我们在与长辈一起用餐时，应等长辈入座后，才可以入座。坐下后不要随意走动，安静地等待用餐。双腿自然平放，坐姿自然。如果桌上有小伙伴一同用餐，在桌上不能嬉戏、喧闹。等长辈先拿碗筷后，自己再拿碗筷。

（2）就餐时细嚼慢咽，嘴里不能发出声响，餐具要轻拿轻放，摆放整齐。如果饭菜够不着，可以轻声告诉长辈。别人给自己添饭菜，要说"谢谢！"

（3）按时就餐，不要家长或长辈再三邀请，吃好后离桌要说"大家慢慢吃"。

（4）不能专挑自己喜欢的菜吃，也不能在菜中乱翻乱拣，合理饮食，不偏食、不挑食。

（5）不乱倒饭菜，不乱扔食物。

4. 讲卫生要注意

饭前便后，洗手不忘；
衣物整洁，人人夸奖；
个人清洁，不可忽略；
文明习惯，细节做起；
有条不紊，不急不慌。

（1）在饭前便后应洗手，整个洗手时间不少于30秒，洗手后要用干净的个人专用毛巾或一次性消毒纸巾擦干双手，并勤换毛巾。

（2）不要当着别人的面擤鼻涕、挖耳孔或做其他不文明的行为，平时勤剪指甲。能够做到三天洗头一次，至少一周洗澡一次。勤换衣服、鞋袜。

（3）保持家里卫生，注意保持地面和墙壁的清洁。

（4）用完洗手间后，要即时放水冲洗。

（5）由室外进入屋内，应先在门口踏擦鞋底再进入。雨、雪天应把雨具放在门外或前厅，不要把雨水、雪水、泥巴等带入室内。

5. 做家务要注意

劳动光荣，身心有益；

力所能及，小事做起；

自己事情，自己来做；

生活自理，才叫懂事；

分担家务，个个欢喜。

（1）要主动承担一些力所能及的家务，养成良好的劳动习惯。

（2）自己的衣服自己清洗，自己的鞋自己刷。

（3）在家长的指导下，学做简单的饭菜，学会在日常生活中照顾自己，少让父母操心。

（4）主动照料家里的小动物或花草，掌握基本的知识。遇到困难，要向长辈请教，得到帮助，不忘说"谢谢"。

6. 邻里之间要注意

（1）不打扰左邻右舍。早出晚归进出居室要保持安静；尊重邻居的生活习惯。如果家里有事会影响邻居，要事先打个招呼，请求谅解。住在楼上：搬动桌椅要轻些，尽量不在屋里敲东西；最好一进门就换上拖鞋、布鞋等不会发出响声的鞋子，不要屋里乱跑乱跳或将东西使劲儿往地上扔等。不要往楼下倒污水或脏物，在阳台上浇花草不要把水洒到楼下；放在阳台栏杆边沿的花盆或其他杂物应固定好。住在楼下：确实容易受些干扰，要有一些宽容的精神。遇到楼上有时往下扔东西、泼水等，可以叩开他家的门，礼貌地提醒他们，或请他们关照一下，千万不可以采取过激行为。

（2）要礼貌相待，互相体谅帮助。平时见面要互相打招呼，点头示意或寒暄几句。日常生活中，要互相关照。

（3）忌以邻为壑，忌"各扫门前雪"，忌说长道短、拨弄是非，忌无端猜疑，忌自以为"常有理"。

课堂实训

一、实训内容

（1）鞠躬、握手、介绍、接递名片的正确姿势。

（2）根据所给情境，设计情节进行握手、鞠躬、介绍、接递名片组合应用的模拟实训。

二、实训目的

（1）通过演练，纠正鞠躬、握手、介绍、接递名片不正确的姿势，掌握正确、优雅的技能规范。

（2）通过组合训练，将鞠躬、握手、介绍、接递名片的知识化为学生的实际动手能力，并将子模块的片段知识整合到组合训练中，使学生具有灵活的运用能力。

（3）通过学生自评、互评，检验学生对知识的掌握程度。

养成小贴士：内在修养的提高，审美情趣的提升，要从小事做起，长期坚持。

三、实训具体要求

（1）第一小组的学生演练鞠躬礼礼仪操。

其余学生采用投票方式选出小组形象大使。

教师根据学生投票结果引导学生进行点评。

教师纠正学生错误姿势。

（2）第二小组的学生演练握手礼礼仪操。

其余学生采用投票方式选出小组形象大使。

教师根据学生投票结果引导学生进行点评。

教师纠正学生错误姿势。

（3）第三小组的学生演练介绍礼礼仪操。

其余学生采用投票方式选出小组形象大使。

教师根据学生投票结果引导学生进行点评。

教师纠正学生错误姿势。

（4）第四小组的学生演练交换名片礼仪操。

其余学生采用投票方式选出小组形象大使。

教师根据学生投票结果引导学生进行点评。

教师纠正学生错误姿势。
(5) 全班同学列队演练鞠躬、握手、介绍、交换名片的礼仪操。
教师检查全班同学鞠躬、握手、介绍、接递名片正确姿势的掌握情况。

四、实训总结

(1) 学生根据实训评价标准进行小组自评、互评，填写实训评价表。
(2) 教师总结、评价，并根据演练情况总结实训效果。

本 章 小 结

本章主要从个人礼仪、社交礼仪、家庭礼仪三大方面来为学生的礼仪规范设置一些标准，并从礼仪概述、礼仪的重要性以及礼仪规范的养成训练三方面来进行阐释，在礼仪规范的原则、仪容仪表仪态等细节方面，从社交礼仪的原则以及社交礼仪的眼神礼仪、化妆礼仪、坐姿、站姿和家庭礼仪的十个注意等方面进行了系统的介绍。

素 质 拓 展

一、拓展目的

通过实训，使学生掌握基本的、规范的举止（行姿和微笑）。

二、拓展内容

(1) 集体体验：全体学生同时体验标准礼仪站姿；
(2) 请两名学生演示优雅的坐姿，内容包括入座、坐定、离座；
(3) 请两名学生演示自然生活状态中的良好走姿；
(4) 请全体学生同时训练微笑。

三、拓展方法

(一) 行姿的方法

走路要分场合，脚步的强弱、轻重、快慢、幅度及姿势，必须同出入场合相适应；在室内走路要轻而稳；在公园里散步要轻而缓；在阅览室里走路要轻而柔。总之，步态要因地、因人、因事而异。

(二) 微笑的基本方法

(1) 保持愉快的情绪。练习时要忘掉自我和一切烦恼，让心中充满爱，做到面含笑意、亲切自然。情绪记忆法，将生活中最高兴的情绪储存在记忆中。微笑时，想起那些使你兴奋的事件，脸上会流露出笑容。或配上优美的音乐，放松心情，减轻单调、疲劳之感。

(2) 嘴角上扬。脸部肌肉放松，嘴里念"一"，用力抬高口角两端，做到嘴角上翘、眼角上翘。注意下唇不要过分用力。普通话中的"茄子""田七"等的发音可以辅助微笑口型的训练。

(3) 对着镜子练习微笑，调整自己的嘴型，注意与面部其他部位和眼神的协调，露出使自己满意的微笑，离开镜子时也不要改变它。

(4) 眼睛笑。当你微笑的时候，眼睛也要"微笑"，否则给人一种"皮笑肉不笑"的感觉。练习时可用一张纸遮住眼睛以下的面部，对着镜子或者同学之间相互观察。

四、拓展要求

(1) 练习时注意观察示范动作，牢记规范举止要领；
(2) 比较自己和同学之间的举止是否符合规范；
(3) 加强练习，在日常的学习生活中坚持下去，养成良好的习惯，使举止优美优雅，微笑真诚动人。

第二章

守 规 矩

学习目的和要求

- 了解大一新生掌握日常行为规范的重要性
- 掌握日常行为规范的具体内容，努力做到在思想上和行动上自觉履行日常行为规范

行为规范是我们规范日常行为的准则，日常行为规范制定的目的在于帮助学生培养良好的习惯。俗话说："没有规矩不成方圆。"规范是做好一切事情的保障，没有纪律的约束是难以成就大事的。遵守规范是一种教养、风度、文化，也是一个现代人必须具备的品格。习惯是一种顽强而巨大的力量，它可以主宰人生，良好的行为习惯可以使人收获美好的人生，坏的行为习惯则可以毁掉一个人的生活。

行为规范涉及生活的方方面面，本章着重从三大场合：教室、宿舍以及公共场所进行有效的规范，同时结合四大主体行为即早操、早训、晚自习和考试等细致入微处进行日常行为的制约。优秀源于好习惯，只要不断优化细节，纠正不良习惯，培养良好习惯，成功就会在我们蓦然回首时，翩然降临。

第一节 日常行为规范概说

引例分析

细节决定成败，习惯成就人生

细节决定成败，习惯成就人生。天下难事，必做于易；天下大事，必做于

细。许多细节、很多习惯看起来不值得一提，但有时一个微不足道的细节，一个微不足道的习惯或许就会成为一件事情成败的关键，一场战役的转折点，甚至能够改变一个人的一生。20世纪60年代，苏联发射了第一艘载人宇宙飞船。当时挑选第一个上太空的宇航员时，有这么一个插曲：几十个宇航员去参观飞船，进舱门的时候，只有加加林一个人把鞋脱了下来。他觉得："这么贵重的一个舱，怎么能穿着鞋进去呢？"就加加林的这一个动作，让飞船的主设计师非常感动。他想：只有把这个飞船交给一个如此爱惜它的人，我才放心。在他的推荐下，加加林就成了人类第一个飞上太空的宇航员。

所以有人开玩笑说，加加林的成功从脱鞋开始。其实他的成功源自良好的习惯。

理论提升

良好的习惯是人成长、终生发展的基础。俗话说得好：良好的习惯是人一生的财富。尤其是大一新生，更应该在这个关键时期抓好行为规范。

一、日常行为规范概述

（一）行为规范

行为规范是社会群体或个人在参与社会活动中所遵循的规则、准则的总称，是社会认可和人们普遍接受的具有一般约束力的行为标准。

行为规范是在现实生活中根据人们的需求、好恶、价值判断，而逐步形成和确立的，是社会成员在社会活动中应遵循的标准或原则，由于行为规范是建立在维护社会秩序理念基础之上的，因此对全体成员具有引导、规范和约束的作用。引导和规范全体成员可以做什么、不可以做什么和怎样做，是社会和谐重要的组成部分，是社会价值观的具体体现和延伸。

（二）日常行为规范

本书所指的日常行为规范主要是基于三大场合：教室、宿舍以及公共场所来进行有效的规范，同时结合四大主体行为即早操、早训、晚自习和考试等细致入微处进行制约的，是基于高职院校大一新生应该具备的最起码的道德素养与日常行为规范。遵守这些日常行为规范有助于其成为一名德智体美全面发展的大学生，成为一名对社会真正有用的人。

（三）素质教育与日常行为规范

当前，素质教育已成为一个被广泛关注的世界性话题。素质教育，通过提高人的心理素质和社会文化素质，着重解决"如何做人"的问题。实施素质教育，是真正提高学生综合素质的根本措施。在人才培养过程中，应把传授知识、培养能力和提高素质合为一体，在传授知识的同时，注重素质的提高。但是，在高校的教育方面出现了过于注重知识教育，或者是伦理要求不符合大学生的实际需求的问题，这就是日常行为规范要解决的。日常行为规范提炼出了大一新生在刚刚进入大学真正需要掌握的基本素养，具有可操作性和时效性。

二、掌握日常行为规范的意义

（一）完善大学生的伦理品质，实现其全面发展

大学生伦理品质是依据一定的道德意识和道德准则所形成的大学道德人格。对于大学生而言，伦理品质意味着大学生在进行教学活动时、处理与利益相关系的过程中，一以贯之地恪守和践行较高的道德标准，大学生通过良好的道德行为展现自己的独特品格。行为规范篇告诉大一新生应该具备的最起码伦理要求：团结友善、待人尊重、诚信负责等；进而完善自我的伦理品质。

（二）规范大学生日常行为，树立学生欣赏美、创造美的意识

通过开设职业伦理与行为规范课程，以具体的条文形式告诉大学生什么是美，什么是丑，什么符合主流的价值观，什么符合人之常情的行为，使学生在掌握技能的同时成为一名充满人性的人，包括最起码的见面问候、与人为善、尊重长辈等。成为知礼仪、懂规范、有技能、有特长的学生。

（三）提高职业院校大学生的职场竞争力

在我国市场经济中，信用经济不仅是保证市场经济良好运转的基础，还是现代市场经济的重要特征，诚信即是信用经济在我们日常生活、工作过程中的本质体现。金融类高职院校的大学生随着专业知识的积累和专业技能的熟练，大多数都会从事财经相关工作，并需要以财经职业人的身份获得社会认同。而以诚信为内核的良好职业道德不仅是金融类高职院校的大学生内在素质和专业能力的体现，更是其作为职场优秀人才的精神特质之一，是财经人才在职场发挥自身优势的软实力。因此，在金融类院校构建职业伦理与日常行为规范，有利于促进大学生自我约束、自我管理、自我教育和自我发展，进一步提升其职场竞争力。

三、开展日常行为规范教育的基本理念

（一）以传统文化为基础

内抓"自律"。所谓内抓自律就是指要加强大学生的自我教育和评价，在自

身的成长过程中不断自我修正，不断完善自我。作为大学生在自我教育和评价的同时也要注意尽量做到反对功利化的自我教育，要充分发扬马克思主义的人道主义精神，真正把自律作为"目的"而不是"手段"。

外抓"监督"。日常行为规范的教育要离开书本，走向生活，这是使其重获生命力的唯一出路。围绕我院三导一评价的人才培养模式，要设计具体的学生行为规范培养指标和考评体系，并尝试纳入人才培养体系，量化为学分标准，修够规定的学分予以颁发人文素养合格证书，将其作为评优评奖、就业推荐的重要参考因素。

以"孝道"伦理价值观作为传统道德观教育的基础。"孝道"作为人们生活中最基本的生活规范，不仅仅是大学生，也是所有人在日常交往中应当遵循的起码的行为准则。也正是这种最基本的行为准则传承延续了几千年，衍生出我们中国人特有的"孝道"思维方式。

（二）以社会主义核心价值体系为主导

社会主义核心价值体系反映了社会中所有道德规范的核心和主要矛盾，是人们伦理价值观最直接和本质的体现，社会主义核心价值体系关乎民生，关乎社稷，关乎社会主义和谐社会的建设与构建，因此，必须要将社会主义核心价值体系同大学生的行为规范的培养相互结合、相互统一。

总之，一个民族或国家必须要有统一的主流价值目标，如果没有统一的主流价值目标，就会陷入相对主义和由此带来的行为非理性主义与分散主义，使我们的民族丧失凝聚力和向心力。

（三）以国外有效价值观为借鉴

常言道"一方水土养育一方人"，欧文也曾说，"人是环境的产物"，这都告诉我们人的价值观的形成与其所处的自然环境和社会环境都有着极为密切的关系，现今国外也存在着各式各样的伦理价值观以及意识形态，因此，我们在学习、借鉴国外价值观经验的同时，既要注重价值观的普遍性，又要注重价值观的特殊性。

课堂实训

一、实训内容

开展一次以"守规矩"为主题的班会，要求学生谈谈自身对规矩意识和习惯意识的看法。

二、实训目的

（1）加强理论联系实际的运用能力。
（2）扩展讲纪律、守规矩的现实影响力。

三、实训要求

（1）取材身边的案例故事，紧扣教材主题，内容要创新、深刻，具有启发意义。
（2）调动同学们的积极性，现身说法，加强主题班会的教育意义。

四、实训总结

第二节 日常行为规范的基本内容

引例思考

大学新生的第一课该上什么？

从踏进大学校门的那一刻起，满怀憧憬与希望的新生们就拉开了大学生活的序幕，他们新的人生起点也从此开始。欢迎他们的是新环境、新学校、新老师、新同学、新课程……面对这一切，新生们都会有一个心理适应期，大约持续3个月到1年的时间，少数人需要更多的时间，在这段时间里，新生们或多或少都会出现一些心理困惑。大学生虽然已经脱离了孩子的群体，但心理上的成熟并不意味着社会上的成熟，他们尚不能完全履行应承担的责任与义务，因此常被排斥于成人之列，其典型的心理表现是内心矛盾、抱负水平不确定和易站在极端立场。大学生普遍存在以下一系列心理困惑问题：刚入大学，对一切都不熟悉；不知道在大学里可以做什么，将来应该做什么；不了解老师的教学方法，学习的方向也不清楚；与同学沟通的不好，同学们好像没有正确地认识自己……校园里一切新的环境要求新生们及时做出调整，意识到自己社会地位的转变、生活习惯的转变、人际关系的变化、学习方式的变化，奋斗目标的确定等。新生们需要跳出过去的生活、人际交往和学习的旧模式，再融入新环境中。所以说，大学新生是在"蜕变"中成长的，如何及时调整心态，安全度过这个心理适应期是大学新生们要上的第一课。

理论提升

结合山西金融职业学院"三位一体"办学思路及学生手册的相关内容,以培养合格的高素质人才为目标,以为广大学生创造舒适的生活学习环境为己任,特从三大场合:教室、宿舍以及公共场所来进行有效的规范,同时结合四大主体行为即早操、早训、晚自习和考试等制定学生宿舍日常行为规范。

第一模块——场所

一、教室

教室行为规范是对学生在教室行为举止的规范性约束。学生的一言一行、一举一动,是学校形象的再现。教室是供同学们学习的重要场所,也是学生在校停留时间最多的场所,因此,通过对教室行为进行规范,能够为学生营造一个良好的学习氛围,为教师提供一个良好的授课环境。

(一) 进入教室的行为规范

(1) 自觉遵守国家、学院和班级的相关法律规范,服从管理。

(2) 进入教室时穿着应得体大方,禁止奇装异服,禁止穿拖鞋、背心等。

(3) 进入教室后当保持安静,不得在教室内大声喧哗、起哄、打闹、打架等。

(4) 未经学院应许,在教室不得举行文体娱乐活动。

(5) 在教室举办娱乐性活动时,不得影响其他教室的正常活动。

(6) 保持教室内卫生。

①不准随地吐痰,不乱扔垃圾,保持地面干净。

②不准吃零食。

③不准乱涂黑板。

④上课班级值日生要保证讲桌干净,粉笔盒、黑板擦整齐置放于讲桌的左上方。

⑤教室窗玻璃上不得张贴报纸、白纸,窗台上不得堆放书籍、碗筷及杂物。

⑥禁止在课桌椅、墙壁、讲台、门窗上涂抹刻画。

(7) 在教室内不得进行反动言论的宣传和演讲,不得过分渲染社会上以及日常生活中一些负面的人与事。

(8) 爱护教室公共设施。

①禁止踩踏课桌椅。

②禁止随意搬动教室内的教学设备和课桌椅。

③未经学院批准，不得私自使用各类教学用公共计算机、投影仪、实验实训设备等。如造成损坏，必须按价赔偿，情节严重的给予相应处分。

（二）离开教室的行为规范

（1）保持教室干净整洁，班级值日生离开教室之前及时擦净黑板，及时清除黑板槽内的粉笔灰。

（2）注意财物安全，最后一个同学离开教室时应该关好门，避免个人和公共财物的丢失。

（3）节约用电，及时开、关灯，教室人少应少开灯，做到人走灯关。

（4）最后一位学生在离开实验室、实训室、机房前，应通知值班管理员关闭全部电灯、电扇和设备的电源开关。

二、宿舍

（1）遵守作息制度，按时起床、按时就寝，晚间迟归宿舍主动找学生会公寓部进行登记。在自习或别人休息时，动作要轻，打电话时要节约时间、控制音量。不在宿舍区喧哗、打闹，主动控制录音机、收音机、音箱等发声设备的音量；远离"黄""赌""毒"。

（2）保持公共卫生和宿舍卫生，床上整洁，床下鞋子、脸盆要有统一朝向，摆放整齐。不准随地吐痰、乱抛果皮纸屑、乱倒生活污水、浪费饭菜，垃圾一律装袋倒入楼下垃圾桶。各宿舍分派值日同学并确保每天的宿舍卫生和值日工作正常有序。尊重他人的劳动成果，养成良好的卫生习惯，不在宿舍内、楼道处乱扔和堆积垃圾杂物。

（3）起床后将被子叠起，床单铺平，枕头放在被子上，有统一朝向；并将宿舍卫生打扫干净，物品归位，时刻保持；宿舍内做到四无，即地上无杂物、墙上无污迹、门窗无灰尘、生活无陋习。为保持一个健康的对身体有利的学习生活环境，宿舍应经常通风，以保持空气清新。

（4）严禁在宿舍内外存放和使用违禁品、管制刀具等；不将易燃、易爆的物品带回宿舍，宿舍内不用酒精炉、煤油炉、不点蜡烛，不使用电炉、电烙铁、热得快等电热设备。安全用电，不私接电源。宿舍内不抽烟、不酗酒。要有责任心，如有以上情况要积极向主管老师和学校相关部门反映安全隐患。

（5）宿舍内注重语言美，不讲脏话、粗野的话，不进行打麻将、打扑克等与学生身份不相符的活动；宿舍内应多开展有利于广大学生身心智力健康发展的活动，如练书法、下围棋、下象棋等。

（6）加强自我防范意识，提高警惕，防火防盗，公寓内物品损坏及时联系宿舍管理员报备维修。学生离开宿舍上课时应关好门窗，保管好钥匙、贵重物品、现金等，以防内外盗窃事件发生。单独在室内时，警惕陌生人的来访，发现可疑人员立即询问、报告，确保宿舍治安安全。

（7）自尊、自爱、自重。未经允许不准进异性宿舍、严禁宿舍中留宿异性；未经许可不留宿他人。严禁夜不归宿，杜绝校外租房。

（8）讲文明、懂礼貌，遇到检查宿舍的领导、老师、学生干部礼貌问候，主动打招呼，从点滴做起，保持金院学子应该有的新时期大学生风采和积极向上的精神面貌。

（9）宿舍内加强团结，舍友之间互相关心、互相爱护、互相帮助；舍友之间有了矛盾积极解决，互相敞开心扉，积极寻求同学和辅导员老师的帮助；相邻宿舍的同学之间互相尊重、友好交往。

（10）定期开展模范宿舍评比活动，不定期展开宿舍的自评活动。针对在宿舍评比、自评中发现的问题，学生党员和学生干部组织自己宿舍的同学从日常的点点滴滴进行改进；针对在宿舍自评中发现自身的优势所在，积极发展使其成为自己宿舍的特色文化，在公寓部的牵头下组织各个宿舍进行交流，互相促进，共同进步。

（11）学生党员和学生干部发挥模范带头作用，自觉遵守宿舍管理各项规章制度，服从管理，主动配合学生会公寓部及有关人员的检查。遇到停水、停电等突发事件时保持安静和冷静，通过学生干部、公寓管理员、值班老师及时解决问题，严禁起哄滋事。

（12）在假期离校前应妥善安置财物和各种物品，关闭并加固好各自宿舍的门窗，切断所有电器电源、关闭水龙头，并注意保护自己的人身、财产安全。离校封宿舍前，各班以班委牵头，统一检查，做到查漏补缺、万无一失。

（13）宿舍有违规、违纪行为的情况发生时，学生有义务劝阻违规违纪行为并向辅导员老师报告。

三、公共场所

学生在学校的学习除了接受科学文化知识以及职业技能的培养外，更重要的是学会如何做人，如何待人接物。学生在公共场所的表现可以更好地反映学生的基本素质以及整个学校的基本风貌。因此，公共场所行为的进一步规范成为时代发展、学校发展以及学生个人成长的题中之义。同时，开展大学生日常行为规范教育活动也是素质教育部为积极响应学院建设"文明校园"以及"转型跨越"

的号召，通过细节化行为规范教育，切实培养学生文明素养、提高学生思想道德素质、促进学生身心健康发展。

所谓公共场所是指人群经常聚集、供公众使用或服务于人民大众的活动场所，是人们生活中不可缺少的组成部分，是反映一个国家、民族物质条件和精神文明的窗口。校园公共场所主要是指学生学习、生活以及娱乐经常聚集的场所。结合1987年4月1日发布的《公共场所卫生管理条例》，这里所说的公共场所主要包括两部分：实体公共场所和虚拟公共场所，其中实体公共场所分别从校内（餐厅、操场、校园道路、楼道以及会场等）和校外做了详细的规范，虚拟的公共场所主要就是信息网络空间。

（一）校内公共空间

1. 餐厅行为规范

（1）有序排队。就餐者要遵守食堂就餐时间。餐厅吃饭时要自觉有序地排队，不得插队和拥挤，不得叫嚷。

（2）就餐文明。爱惜餐厅公共设施，比如桌椅、水池等，就餐时不要将脚跷在凳子上，不准在桌凳上乱写乱画，要讲究卫生，保持食堂清洁。就餐过程切忌用手指掏牙，应用牙签，并以手或手帕遮掩，避免在餐桌上咳嗽、打喷嚏。不准将饭菜端回宿舍用餐。尊重老师，不在教工窗口排队，不到教工餐厅用餐。同时，如果和师长在一起吃饭，要请长辈先入座。学生要尊重炊事人员，平时见到炊事人员要热情地招呼，要配合和帮助炊事人员搞好食堂工作。

（3）保持餐厅卫生。不将吃剩的饭粒菜屑随地乱扔，须倒入泔水缸。骨、刺等无法食用的，不要对地乱吐，可放到餐具里或吐到自己准备的其他盛具里。就餐完毕，将餐具放到指定地点。

（4）爱惜粮食。要爱惜粮食，根据自己的饭量打适量的饭菜。

2. 会场行为规范

（1）室内场所。提前10分钟到达活动场地，不迟到、不无故缺席。穿着活动指定的服装参与活动，整洁、大方。女生不化浓妆，男生不戴耳钉。在普通教室举行的活动参照教室内的行为规范，只准携带活动要求的物品进入教室。在多媒体教室举行的活动要注意爱护多媒体设备，不得随意使用、拆卸，或带离教室。活动过程中，不得随意离场，手机要关闭或调至静音状态。活动场所内不得携带零食饮料进场。活动结束时要将桌凳放回原位。活动结束后要听从组织者安排有序离场，不得喧哗、拥挤、打闹，避免造成混乱和意外事故。

在宿舍举行的活动要注意保护主人的隐私，不谈论涉及个人的敏感问题。不得随意乱动主人的物品。要注意保持宿舍的卫生。

（2）室外场所。提前10分钟到达活动场地，不迟到、不无故缺席。听从活动组织者安排到指定位置等待。穿着活动指定的服装参与活动，整洁、大方。女生不化浓妆，男生不戴耳钉。

遵守活动秩序及规则，如是体育等竞技类活动，一律听从裁判的指挥和安排，不得出现打架、斗殴等激烈冲突。活动场地如果是塑胶场地不要穿高跟鞋入场，严禁在场地内抽烟。参与人员要有组织地参加活动，尊重比赛人员，避免出现影响比赛的不良言行。做文明观众，观看球赛或其他比赛，要尊重裁判和工作人员，自觉遵守并维护运动场的秩序，要为双方的精彩表演鼓掌。

3. 楼道行为规范

（1）不在走廊、楼梯拍打篮球，跳绳及大声喧哗，追逐打闹。
（2）上下楼梯轻声慢步靠右边，不拥挤、不奔跑。
（3）不高空抛物、不乱丢果皮纸屑。
（4）不在楼道墙壁上乱写、乱画、乱贴。

4. 操场行为规范

（1）爱护操场公共设施，禁止在塑胶跑道上进行轮滑等任何有损跑道的活动。禁止穿高跟鞋进入操场。
（2）不要在操场乱扔垃圾、不随地吐痰，自觉维护操场的清洁、绿化。
（3）在操场举行各种比赛活动时，参观比赛要遵守有关运动规则。

5. 图书馆行为规范

（1）遵守各项规章制度。
（2）爱护图书馆的财物。
（3）讲究文明礼貌：衣着整洁、整齐、大方；谈吐文雅、举止文明；不抽烟、不随地吐痰、不乱扔纸屑和其他废物，不抢占座位；不争吵、不喧哗；走动时脚步要轻，不影响他人；注意使用礼貌语言，不说脏话。

6. 校园交往规范

（1）仪表。着装要整洁、大方、规范得体，禁止衣衫不整进入公共场所，不能穿超短裙、露脐装、体形裤、拖地长裙、短裤或赤背进入公共场所，男生不留超长发、染发或剃光头，女生不浓妆艳抹。

（2）行走。行走时，要注意姿势，头抬起，目光平视前方，双臂自然下垂，手掌心向内，并以身体为中心前后摆动。上身挺拔，脚伸直，要放松，脚幅适度。不要左顾右盼，又蹦又跳。

（3）语言。语言文明礼貌，说话不夹带粗俗的字词，不谩骂、挖苦和取笑他人。

（4）相遇。学生和教师相遇，通常应由学生主动先向教师打招呼，道声"老师早"或"老师好"。若遇到不认识的老师或者外来视察领导，都要尊称"老师好"，教师也应该面带微笑礼貌回礼。学生不应因害羞等原因看到老师还不理老师，这是非常不礼貌的行为，同学之间每日初次见面，也要以礼相待，相互问好。在行走中，同师长相遇，应礼让先行，遇到年老体弱的教师在做较重的体力劳动时，应主动帮忙。尊重外地人，遇有问路人，认真指引。尊重他人的人格、宗教信仰和民族习惯，维护国家荣誉和学校形象，遇见外宾，以礼相待，不卑不亢。

（5）恋爱。男女同学交往以"自尊、自重、自爱"为原则，以道德为基础，以国家法律、校纪校规为准绳。男女交往应文明、有度，行为端庄、举止大方。禁止男女同学在校园内行走时揽腰挽臂，禁止在校园内依偎搂抱，禁止在教室、图书馆、餐厅、草坪等公共场合亲昵作态。同时也严禁学生在异性宿舍留宿，严禁学生在校外与异性同居。

（6）其他校园文明规范。爱护学校的一草一木，不折花，不践踏草坪，自觉维护校园绿化、美化、香化、净化。维护公共秩序，就餐、操场活动，观看演出、比赛及参加集体活动不起哄滋事，同时在公共场热情正直、谦和礼让，不与外校学生发生口角斗殴。不赌博、酗酒，不观看、传播反动、淫秽书刊和音像制品，不在寝室、教室、图书馆等公共场所及禁烟区域吸烟。保持校内环境的安静，不在宿舍区和教学、科研、办公区内进行影响师生工作、学习和休息的体育、文娱活动，午休、晚自习和上课时间不在教室或宿舍举办舞会。

（二）校外公共空间

走出金院，进入其他学校或者社会公共空间，更应该注重自身的行为，以自身的良好行为为学校赢得更好的名誉。

（1）参加集体活动时应提前集中，提前10分钟入场。在指定位置对号入座或列队静候。

（2）不带零食饮料进场。

（3）着装整齐，不穿无袖外衣、背心、拖鞋等非正规服装。

（4）参加报告会时，带好笔和笔记本，认真听发言者的讲话，尊重讲话人、报告人的劳动，不做与会议无关的事情，并适当做好记录。在发言者上台讲话前后，应报以热烈掌声，不起哄、不喊叫。

（5）保持会场安静，不交头接耳，不评论，自觉维护会场秩序。

（6）礼貌和与会人员及服务人员交谈，不爆粗口。

（7）不看报纸、杂志，不吃零食，不在会场的桌椅、墙面上刻、画、写字，集合结束后应将废纸等杂物带离会场，自觉保持会场的整洁卫生。

（8）关闭通信工具或调至震动状态，演出进行中不交谈、不打电话，保持安静。

（9）文艺演出未完一般不中途离场，如有急事，应在节目间隔中离开。

（10）欣赏高雅艺术时，应在演员或指挥致谢后鼓掌。

（11）因故迟到或中途出场时不制造噪声，不影响他人。

（12）积极配合主持人完成所有活动程序。

（13）有客人或领导进场时应鼓掌欢迎。

（14）有序离场，不乱扔废纸等杂物。

（15）外出参观时，注意个人安全，不可在景点乱刻乱画，乱扔垃圾。

（16）遵守交通规则，注意交通安全，过马路走人行横道，遵守红绿灯规则。

（17）参观博物馆、纪念馆应遵守秩序，轻声低语，未经同意，不可触摸设备和展品。瞻仰烈士陵墓应保持肃穆。

（18）弘扬社会正气，对违反社会公德的行为，要主动上前劝阻。

（19）遇到任何紧急情况，应冷静处理，及时与辅导员、老师联系。

（三）虚拟公共空间——信息网络空间

（1）遵守宪法的基本原则和相关法规的规定，不散布、传播谣言，不浏览、发布不良信息。

（2）弘扬优秀民族文化，遵守网络道德规范，友好交流，不侮辱、欺诈和诽谤他人，不侵犯他人的合法权利。

（3）自觉维护公共信息安全，维护公共网络安全，不制作、传播计算机病毒，不非法侵入计算机信息系统，自觉维护网络秩序。

（4）正确运用网络资源，善于网上学习，不沉溺于虚拟时空，不在网上进行色情活动，保持身心健康。

（5）增强自我保护意识，不在网上公开个人资料，不随意约见网友，不参加无益身心健康的网络活动。

第二模块——行为

一、早操

（1）学生必须严格按照学院规定的早操时间，在指定的场地跑操，做到不迟到、不早退，早退按旷课处理。

（2）学生因病（或因事）不能跑早操的，必须严格履行请假手续后方可生效。

（3）学生每无故缺勤早操一次，旷课按一课时计算。

（4）学生须着校服（不准敞怀），穿运动鞋；女生不准化浓妆，男生不准戴耳钉等。

（5）班级必须以四路纵队的队形跑操，跑操过程中，排列要整齐清晰、不喧哗，各班体委在本班最前面带领跑操，并负责签到。

（6）学生必须积极主动地配合例行检查，体育委员必须如实汇报出勤情况，不得包庇。

（7）班级必须喊口号。

（8）早操结束后须按班级顺序有序离开早操场地。

二、早训

（1）学生必须严格按照学院规定的早训时间，在指定的教室内进行早训，做到不迟到、不早退，早退按旷课处理。

（2）学生因病（或因事）不能进行早训的，必须严格履行请假手续后方可生效。

（3）学生着装要规范，仪表要整洁，不穿拖鞋、背心、吊带等进入教室，女生不化浓妆，男生不准戴耳钉等。

（4）不准将食物、饮料、宠物等带入教室。

（5）不准外班及外校学生进入班级。

（6）不准随意走动、喧哗、打闹，保持早训纪律。

（7）不准随意打接电话、玩手机、听音乐、玩游戏等，不看与学习无关的书籍、报纸、杂志、小说等，不准睡觉。

（8）学生必须积极主动地配合例行检查，班委必须如实汇报出勤情况，不得包庇。

（9）不准随地吐痰，乱扔垃圾。

（10）必须爱护教室公物，进入教室时发现有公物损坏时应立即向相关负责教师汇报登记。

（11）早训结束后，必须将桌椅摆放整齐、及时关窗熄灯。

（12）上下楼梯自觉靠右走，不逗留、拥挤、奔跑。

三、课堂

（一）学生进入课堂应着装得体，言行文明，举止优雅

（1）不得穿露胸、露腰、露背的服装。男生不得穿着背心、拖鞋，女生不得

穿超短裙、凉拖。

(2) 男女生之间不得有过分亲昵举动。

(3) 不准吸烟，不准随地吐痰，不准乱扔果皮纸屑。

(4) 不得高声喧哗，不得追逐打闹，不说脏话。

（二）学生在课前应做好准备

(1) 学生应提前5分钟到达上课地点，不得迟到、早退或旷课。在思想和物品上做好准备，静候上课。上体育课时，由体育委员提前5分钟整队，向教师报告人数。

(2) 只携带与上课相关的书籍、资料、笔记本及必备的学习用具。

(3) 禁止带食物进教室。

(4) 课堂上可以携带水杯。将水杯放桌子的左上角，书本放桌子右上角。

(5) 因病或因事不能到课者，应事先办理请假手续并经过批准，不得事后补假。未履行请假手续的同学按旷课处理。

（三）学生在课堂上应保持课堂秩序

(1) 老师进入教室时班长喊"起立"口令，全体起立向老师问好，老师回礼后，听班长口令坐下。

(2) 上课迟到应在教室门口先喊"报告"，在得到老师允许后，才能进入教室。要向老师说明迟到的原因，说话态度要诚恳。走向座位时，速度要快，脚步要轻，动作幅度要小，尽量不要发出太大的响声，更不要有任何滑稽可笑的举止。坐下后，应立即集中注意力听讲。

(3) 上课时坐姿要规范，背要直、肩要平、头要正，两脚平放地面。听课时不得用手撑头，不得晃脚，不得在座位上扭动身躯。上课不准睡觉。

(4) 在课堂组织的讨论交流中，与编好的小组成员（同桌、邻桌的同学）低声交流指定问题，但不准高声喧哗，不讨论与问题无关的话题。在教师指定的时间内进行，教师示意停止后，必须马上结束讨论并坐好，面向教师继续安静听课。

(5) 上课始终保持精神集中，专心听讲，认真思考，及时记好笔记。对教师的讲解应及时做出反应，无论是"听懂了"还是"还有疑问"，都可以借助体态予以回复，切记不中途打断教师的讲话。要求发言要先举手，待教师允许后再发言。对自己提出的问题，不强求教师立即明确的答复，特别是个别的问题，可以在下课后单独向教师请教。

(6) 回答老师问题时，站姿正确，表情大方，不要搔首弄姿或故意做出滑稽的举止，引人发笑，说话声音要响亮、清晰。如果教师请你回答问题，你还没弄清题意或没想出答案，可先道歉，再坦率地申明自己不能回答，不能坐着不动或起立后默不言声。在别的同学回答问题时要仔细倾听，不应随便插话或者埋头窃窃私语，同学答错了也不应讥讽嘲笑。如果自己想发表看法要举手示意。

（7）老师讲课时出现口误或差错时应该在课下以适当的方式，选择适当的场合，以谦和礼貌的态度提出，切不可不礼貌地当场大喊大叫，让老师难堪，这既是对老师的不尊重，又是自身修养不高的表现。

（8）如果老师的批评有误，可心平气和地在适当场合和时间善意地与老师交流思想，做出解释，同时做到"有则改之，无则加勉"。

（9）学生在上课期间，应关闭手机及其他与教学无关的电子娱乐设备，集中精力听课，参与课堂活动。对上课玩手机或其他电子产品、拨打或接听手机、收发手机短信、使用手机上网的学生，任课教师有权在本次授课期间暂时代为保管其手机和电子产品，情节严重的，按学院有关规定处理。

（10）下课铃响后，教师宣布下课，待教师离开讲台后，方可自由活动；若有教师听课，应待听课教师离开教室后，方可自由活动。教师离开教室时，同学们应主动礼让，不能和教师争先。离开座位时，应将所用过的桌子摆整齐，椅子归位，禁止将桌椅带出教室外。体育课听到下课铃时，需迅速集合站队，保持军姿，等候老师宣布下课。

（11）值日生应在下课后及时擦拭黑板，清洁讲台，准备迎接下一堂课。教师如带有教具等，学习委员应帮教师将它们送回办公室。

（12）在各类多媒体教室、实训教室上课时，须严格遵守各教室使用规则。应按照自己的学号对号入座。不经教师同意不动仪器，不准高声喧哗、打闹，不准随便走串，如擅自动用仪器、教具等有所损失，要负责赔偿并视情节轻重给予纪律处分。

四、晚自习

（1）学生必须严格按照学院规定的晚自习时间，在指定的教室内上晚自习，做到不迟到、不早退，早退按旷课处理。

（2）学生因病（或因事）不能上晚自习的，必须严格履行请假手续后方可生效。

（3）学生着装要规范，仪表要整洁，不穿拖鞋、背心、吊带等进入教室，女生不准化浓妆、男生不准戴耳钉等。

（4）不准将食物、饮料、宠物等带入教室。

（5）不准外班及外校学生进入班级。

（6）不准随意走动、喧哗、打闹，保持晚自习纪律。

（7）不准随意打接电话、玩手机、听音乐、玩游戏等，不看与学习无关的书籍、报纸、杂志、小说等，不准睡觉。

（8）学生必须积极主动地配合例行检查，班委必须如实汇报出勤情况，不得包庇。

（9）不准随地吐痰，乱扔垃圾。

（10）必须爱护教室公物，进入教室时发现有公物损坏时应立即向相关负责教师汇报登记。

（11）晚自习结束后，必须将桌椅摆放整齐、及时关窗熄灯。

（12）上下楼梯自觉靠右走，不逗留、拥挤、奔跑。

五、考试

（1）学生在考前必须进行诚信考试签名。

（2）学生参加学院组织的各种考试，必须携带学生证、身份证等证件进入考场，没有证件的不准参加考试。

（3）学生因病、因事不能参加考试时，须按相关规定提前办理缓考手续，否则视为旷考。

（4）参加考试的学生，须按学院的规定到指定考场，并按顺序排列，坐在自己的座位上。监考老师有权根据考场情况安排学生到指定位置就座。

（5）学生到达指定座位之后，必须统一将自己的有效证件摆放在书桌的右上角。

（6）学生必须备齐文具，并提前10分钟进入考场；开考30分钟后，迟到考生不准进入考场，该门课程视为旷考；开考一个小时内，不允许交卷。

（7）学生不得携带书本、笔记、资料及通信设备，如手机、微型耳机或掌上电脑等；若携带，则必须听从监考老师安排将其存放于考场指定位置。

（8）学生在考试过程中必须尊重监考老师，服从监考老师的有关安排和调动；如有异议可举手经监考老师允许后提出，并可于事后向教务处申述。

（9）学生在考场上无论任何原因不得大声喧哗，和监考老师争执，或者未经监考老师同意擅自离开考场，否则都视为扰乱考场秩序，当场考试成绩记为零分。

（10）学生不得在课桌中放有书包、纸张等物品；所用课桌、附近墙壁及手臂等处不得写有与考试内容相关的文字。

（11）学生不得在考场夹带纸条、交头接耳、窥探他人试卷、互打暗号或者手势，不得传递试卷、纸条、草稿纸等，不得抄袭或者协助他人抄袭试题答案或相关资料。

（12）学生在考试开始前不得答题。学生领取试卷后5分钟内应在试卷规定位置填写班级、姓名、学号等信息，不得私自涂改姓名，不得在试卷上做任何标记或用不同颜色的笔书写。考试时间终止时必须立即停止答卷，并按要求将试卷、答题纸、草稿纸等整理好后，等待监考老师收取。收取完毕，监考老师宣布退场后方可离开考场。

（13）不得由他人冒名代替参加考试。

知识总结

教室
入教室，正衣冠，衣着整洁精神展；
保安静，勿喧哗，文明礼让你我他；
讲卫生，勤动手，垃圾纸屑请入篓；
计算机，投影仪，公共设施靠大家；
办活动，讲文明，申请批准应该有；
离教室，净黑板，关灯断电好习惯；
教室规则人人守，爱护共同大家园。

宿舍
宿舍有我和大家，作息时间要牢记；
卫生值日要有序，桌面墙角无污迹；
防火防盗高警惕，违禁物品要远离；
自尊自爱守规矩，夜不归宿要舍弃；
文明活动增兴趣，评比当中来改进；
党员干部起模范，互帮互助常进步。

公共场所
排队就餐不拥挤，光盘行动从我起；
进入会场守秩序，手机记得要关闭；
上下楼梯靠右行，追逐打闹不可取；
公共场所无垃圾，爱护公物要谨记；
仪表大方要得体，时刻使用文明语；
见到老师要问好，师者先行要懂礼；
网络世界不沉迷，金院精神扬正气。

早操
早睡早起身体好，六点二十要记牢；
身着校服运动鞋，体委带队至环道；
四路纵队喊口号，各班士气显英豪；
迟到早退都不要，出勤情况如实报；
因病有事不出操，请假手续要办好；
早操离场要有序，队形整齐不乱跑。

早训
周一到五要早训，点钞朗诵小键盘；
早训纪律要牢记，迟到早退不可取；
饮料食物教室外，仪容仪表要注重；
例行检查要配合，文明礼貌记心中；
上下楼梯按顺序，安全守则必遵守；
早训质量要保证，争做上进好学生。

课堂
学生上课是天职，尊师重道要做到；
课堂秩序要保持，起立问好不可少；
着装一定要得体，食物不可进教室；
电子产品不入教，认真学习最重要；
教室卫生靠大家，互相监督齐进步；
请假手续要合规，迟到一定喊报告；
老师允许方进门，课堂纪律必遵守。

晚自习
每日时间和地点，人员班级须固定；
温故知新把书读，自习规则记心中；
病假事假依手续，着装规范是学生；
生活陋习应禁止，爱护公物显修为；
喧哗打闹是大忌，顾全大局为集体；
关窗熄灯准离开，有序安全悦心情。

考试
公平公正促考分，双证带齐进考场；
缓考手续提前办，考场座位须对号；
提前十分入考场，有效证件右上角；

迟到旷考卡时间，禁带资料要上交；
安排调动必服从，扰乱秩序零分记；
抄袭作弊加替考，害人害己记心中。

课堂实训

一、实训内容

结合所学内容，量身定制属于自身的日常行为规范。

二、实训目的

（1）提高大学生的自律守纪意识和安全防范能力。
（2）扩展日常行为规范的现实影响力。

三、实训要求

（1）强化大学生日常行为规范的宣传教育，提高认识。
（2）创设氛围，开展以板报、广播、班会、讲座等形式活动，构筑立体交叉教育网。

四、实训总结

第三节 日常行为规范养成教育

引例思考

2008年3月28日，新华网曾经有一篇题为《校园另类行为，何时是尽头》的文章，文章指出：各大高校目前基本都有独立的、相对完善的校纪校规，规范学生行为方面的规章制度更是不少，如"学生食堂文明公约""宿舍文明条例""教室文明规范"等，但具体执行起来成效并不理想。举例来说，尽管绝大多数大学生对"浪费严重、打饭插队"等涉及社会公德的不文明现象表示不满，但也有一些同学对"校园不文明行为"中的某些条款持保留意见，比如"穿拖鞋上课""男女同学公共场合过于亲密"等问题，他们认为，如今大学生社会化非常严重，一些在社会上被人接受的行为在大学校园里却被视为不文明现象，这显然有失公允。"夏天很热，穿拖鞋上课当然比穿皮鞋好受些，在某种程度上还有利于听课呢",某大学大三学生吕某在学校的一个论坛里跟帖说。他认为,一些在社会上看起来很平常的行为在大学校园里却被视为不文明,这对大学生来说确实有点"冤"。有的同学表示很难用确切的标准来衡量怎样才算"过于亲密"。"搂搂抱抱,甚至亲一下,能算过度亲密吗?大街上情侣这样做早已司空见惯了。"在公共场所怎样才算"过度亲密"呢?他们进一步指出,国家已经允许大学生可以结婚,怎么亲密一下就不行呢?

从上面的报道中,我们不难发现,大学生行为规范尽管已受到当代大学生的广泛认可,但并没有得到充分的重视并发挥其应有的功能。这表现在两方面:一是承认各种大学生行为规范确实存在,并承认其重要性,但却对其具体内容并不熟悉,更谈不上具体实施了。二是只看重行为规范形式上的存在,不能把它与学校日常管理联系起来去发挥其应有的功能,这样严重扭曲了各项行为规范的内在价值,属于典型的规范形式论。那么,当代大学生行为规范的存在到底有着多大的必要?如何才能充分实现其功能?如何随着我国高等教育快速变革和发展,建立与社会发展相适应的大学生行为规范体系?

理论提升

一、宣传与普及大学生日常行为规范

大学生行为规范是要大学生遵守的,管理规定是要大学生接受的,一切规范行为是要大学生实践的,因此,必须加强宣传,通过校内各种刊物、广播等宣传媒体和召开大学生座谈会等多种形式,让每个大学生能了解规章制度、管理条例,做到"家喻户晓,人人皆知"。定期召开行为规范总结表彰大会,表彰在校园中涌现的优秀事迹和模范人物,批评大学生中出现的不良行为和不良现象,同时听取大学生对规范本身的意见和建议。定期开展校风建设评比,对规范学生行为也是一次很大的促进,加强了学校的基础文明建设。及时通报各种行为规范、管理条例的最新动态和重大调整,让大学生及时了解国家、教育部出台的政策变化和其他有关信息。切实加强与大学生的沟通和联系,宗旨是让大家都了解、接受、支持、履行大学生行为规范。

二、专题研究大学生日常行为规范

为避免行为规范笼统、空乏,甚至相互矛盾,没有现实的指导意义和执行意义,甚至与国家有关法律法规相悖,程序不规范,并严重侵害学生的权益等状况,必须加强对大学生行为规范的研究。当前要着重加强国内外高校大学生行为

规范发展状况，行为规范的内容、形式、修订、完善，以及如何根据学校具体情况贯彻实施行为规范等方面的研究。

三、开展大学生日常行为规范主题活动

高校的大学生行为规范的实践，必须充分地发挥大学生班集体、学生会、团组织和学生宿舍长的积极参与作用，利用集体和组织的凝聚力、感召力、约束力，引导和规范大学生的行为，并通过学校组织的丰富多彩的文化娱乐生活（辩论赛、校园文化艺术节等）和高雅的校园文化氛围对大学生形成良好的行为规范和增强自律意识产生潜移默化的作用，使大学生行为规范各项管理规定落实。

四、全面内化大学生日常行为规范

首先，要从思想认识上下功夫。部分大学生对行为规范这一问题认识不足，重视不够。他们一方面认为行为规范是小事，无关大局，只要学习成绩好了，学到知识就行；另一方面认为在学校行为规范有些小问题不要紧，等到参加工作，走上工作岗位就好了。特别是招生和毕业生就业制度改革以后，学生的思想观念变化加大了，部分大学生的价值观向着智力、脑力劳动倾斜，他们认为行为规范应该让位于学习。因此学校可以让学生参与管理，充分发挥学生的自主性、主动性和创造性，进而更好地促进日常行为规范的内化。

课堂实训

一、实训内容

将自己在校园生活中行为和习惯以微视频的形式展现出来，学以致用。

二、实训目的

（1）从现实生活中出发，培养大学生的自觉、自制、自理、自立的良好品质。
（2）加强学生的日常行为规范教育，增强学生的文明意识。

三、实训要求

（1）拍摄自己或者其他同学在校园生活中行为和习惯的微视频。
（2）以微视频为例，在各项有声有色的实践活动中，不断完善提升自己。

四、实训总结

本章小结

本章主要分为三部分内容，分别包括日常行为规范概说，在以传统文化、社会主义核心价值观等为基本理念的指导下，详细介绍了我院三大场合：教室、宿舍以及公共场所的行为规范，同时结合四大主体行为即早操、早训、晚自习和考试等细致入微处进行日常行为的制约。最后谈谈如何实现日常行为规范的养成教育，提出了四点可行性措施。

素质拓展

"90后"大学生行为规范调查问卷

亲爱的同学：

您好！

本次问卷调查是为了掌握当前大学生的行为规范，进而更好地根据大学生目前的行为规范基础而做出合理的规范要求。

问卷采取匿名方式，您所提供的情况或想法只用于教学参考，希望您给出自己的真实想法，如实填写，衷心感谢您对本次调查的支持与协助！

个人基本资料

1. 您的性别：①男　②女
2. 您的民族：①汉族　②少数民族
3. 您的年级：①2015级　②2016级　③2017级
4. 您所读的专业：①会计系　②金融系　③管理系　④信息系　⑤文化传播系
5. 您来自：①大城市　②中小城市　③乡镇　④农村
6. 您的政治面貌：①中共党员（预备党员）　②共青团员　③群众

以下是问卷内容：

1. 对我国"90后"大学生（　　）。

   A. 非常有信心　　　　　　B. 有信心
   C. 没有信心　　　　　　　D. 不知道

2. 您对"实现民主、富强、文明、和谐的社会主义现代化国家"（　　）。

   A. 非常有信心　　　　　　B. 有信心
   C. 没有信心　　　　　　　D. 不知道

3. 您在大学中所展示的风格属于哪一种？（　　）
   A. 低调做人，做自己喜欢的事
   B. 我的青春我做主，张扬自信，张扬个性展现自我
   C. 处处以学业为重，适度参加有意义的活动
   D. 开心最重要，与世无争，凭感觉走
4. 在个人利益和集体利益发生冲突时，您会（　　）。
   A. 在不损害集体利益前提下兼顾个人利益
   B. 毫不犹豫选择个人利益
   C. 毫不犹豫选择集体利益
5. 您是否参加过志愿者服务活动？（　　）
   A. 经常参加　　　　　　　　B. 偶尔参加
   C. 无机会参加　　　　　　　D. 从不参加
6. 您对目前高校思想政治教育的现状满意吗？（　　）
   A. 满意　　　　　　　　　　B. 不满意
   C. 不知道　　　　　　　　　D. 基本满意
7. 您认为当代大学生具有的优良道德品质主要表现在（　　）。
   A. 善良　　　B. 自强不息　　C. 勤奋　　　D. 诚信
   E. 助人为乐　　F. 宽容　　　　G. 孝顺　　　H. 勇敢坚强
8. 您认为在高职院校进行行为规范教育有必要吗？（　　）
   A. 有　　　　　　B. 没有　　　　　C. 无所谓
9. 您是否有考试作弊的行为或想法？（　　）
   A. 在考试中实施过作弊行为
   B. 有过作弊想法，但是没有实施
   C. 作弊是一种耻辱，所以从来没有考虑过作弊
10. 您是否有坐火车逃票的行为或想法？（　　）
    A. 经常有逃票行为
    B. 有过逃票的想法，但是没有实施
    C. 逃票是一种耻辱，所以从来没有考虑过逃票
11. 购物时如果商家多找了钱，会不会主动退还？（　　）
    A. 不能随便占人家的便宜，所以主动退还
    B. 商家的诚信度不够，不值得退还
    C. 白送的钱，当然不用退还
12. 在公交车上，您给老弱病残让过座吗？（　　）

A. 经常让座　　　B. 偶尔让过　　　C. 从没让过

13. 您觉得自己有以下哪些不良习惯和行为？（　　）

A. 图书馆接手机　　　　　　B. 随地吐痰

C. 走时不关灯　　　　　　　D. 售货员多找钱不退还

E. 消费不节俭　　　　　　　F. 随手扔垃圾

14. 对个人未来发展而言，您是否认为思想品德比知识更重要（　　）。

A. 是　　　　　　　　　　　B. 不是

C. 一样重要　　　　　　　　D. 不知道

15. 您对自己的道德修养是否满意？（　　）

A. 比较满意，应该继续努力

B. 不太满意，应该提高修养

C. 不清楚

16. 您和您周围的同学经常谈论的话题是（　　）。

A. 升本和毕业找工作　　　　B. 谈恋爱、打游戏

C. 国际或国内时政话题　　　D. 日常学习与生活问题

17. 您是否对自己未来的奋斗目标有了一个基本的规划设计？（　　）

A. 没有，当一日和尚撞一日钟

B. 有短期的规划，并能够努力去实现

C. 有长远的目标，并能够制定短期目标，一步步去实现

D. 有长远的目标，但没有付出行动

18. 您人生最大的追求是？（　　）

A. 个人事业成功　　　　　　B. 家庭幸福、身体健康

C. 生活安逸舒适　　　　　　D. 能够为国家和社会做贡献

19. 在规划自己的理想信念的依据方面，您主要考虑的依据是？（　　）

A. 自己的兴趣和爱好　　　　B. 以后能够生活得更好

C. 根据父母的意愿　　　　　D. 从社会、国家和人民的利益出发

20. 当在实现理想信念的过程中，遇到困难时您会？（　　）

A. 向朋友、家人求助　　　　B. 独自一人去解决

C. 不知道如何解决

21. 毕业之后，您最想进入的是？（　　）

A. 政府机关　　　　　　　　B. 事业单位

C. 国有企业　　　　　　　　D. 民营企业

E. 外资企业　　　　　　　　F. 教育科研单位

22. 在职业选择时，您所优先考虑的因素是（最多选择三项）？（   ）

A. 经济收入　　　　　　　　　B. 个人发展机会

C. 稳定程度　　　　　　　　　D. 公司前景

E. 专业知识　　　　　　　　　F. 是否体面

G. 生活环境　　　　　　　　　H. 其他

23. 您会以什么方式来应对就业压力？（   ）

A. 好好学习，以好的成绩为资本　　B. 注重社会实践，提升实践能力

C. 不知道，到时候再说　　　　　　D. 让家里想想办法

24. 您认为金钱在生活中所占的位置是？（   ）

A. 够正常生活就可以

B. 非常重要，不愁钱多就怕钱少

C. 清贫一点也没什么，开心最重要

25. 您所期望的理想的休闲方式（最多选择三项）？（   ）

A. 运动　　　　　　　　　　　B. 旅游

C. 看电视、上网　　　　　　　D. 阅读、听音乐

E. 聊天、逛街　　　　　　　　F. 其他

26. 您的零花钱的开销一般主要用于？（   ）

A. 学习用品　　　　　　　　　B. 服装和电子产品

C. 杂志书籍　　　　　　　　　D. 交友、请客、网络、娱乐

27. 您每月在必需品消费（含吃饭和购买生活必需品）的花费大约为？（   ）

A. 200元以下　　B. 200～400元　　C. 400元以上

28. 您每月在发展型消费（含购买学习资料、图书）等方面的花费为？（   ）

A. 50元以下　　B. 50～100元　　C. 100元以上

29. 您每月所在通信、人际交往等休闲娱乐方面的消费为？（   ）

A. 100元以下　　B. 100～200元　　C. 200元以上

30. 您购买名牌产品的频率？（   ）

A. 经常　　　　　B. 一般　　　　　C. 有时候

D. 极少　　　　　E. 从未

31. 您每天用于上网的时间是？（   ）

A. 1小时　　　　　　　　　　B. 1～3小时

C. 3～5小时　　　　　　　　D. 超过5小时

32. 您最常用的上网方式是？（　　）

A. 电脑　　　　　　B. 手机　　　　　　C. 其他

33. 您上网的主要目的是（最多选择三项）？（　　）

A. 了解新闻　　　　　　　　　B. 参与网上讨论

C. 搜索信息、查阅资料　　　　D. 聊天或交友

E. 玩游戏、观看影视作品　　　F. 收发邮件

G. 进行电子商务　　　　　　　H. 撰写个人博客、微博

I. 下载课件资料、提交作业　　J. 其他

34. 您对网络的态度如何？（　　）

A. 相当需要　　　　B. 密不可分　　　　C. 无所谓

35. 您参加了多少个网络群体（QQ群、豆瓣、网上班级）？（　　）

A. 1~2个　　　　　　　　　　B. 3~5个

C. 6~9个　　　　　　　　　　D. 10个及以上

36. 您加入网络群体一般做什么？（　　）

A. 浏览群组公告或群中其他人的发言、发帖

B. 自己发帖或参与群中讨论

C. 发起或参加群内组织的线下活动

D. 其他

37. 您对网络论坛、QQ群里的重大社会传闻所持的态度是？（　　）

A. 不相信

B. 相信，但不传播

C. 相信，尽快转发给好友

38. 您是否有过曾经利用网络发泄不满、攻击或报复对自己不利的人或现象？（　　）

A. 是的

B. 曾经考虑过，但是没有实施

C. 从没有考虑过这个

39. 您认为人际关系在大学生活中的位置？（　　）

A. 非常重要　　　　　　　　　B. 比较重要

C. 一般重要　　　　　　　　　D. 不重要

40. 您会选择怎样的人跟自己做朋友？（　　）

A. 志同道合的人　　　　　　　B. 跟自己性格合得来的人

C. 能帮助自己的人　　　　　　D. 对自己的发展有用的人

41. 您和班级同学的交流情况如何？（　　）

A. 和每个同学都有交流　　　　B. 和大部分同学有交流

C. 和少部分同学有交流　　　　D. 只和室友有交流

42. 跟同学发生矛盾时，您会？（　　）

A. 主动地化解矛盾

B. 保持沉默，让时间淡化一切

C. 不知怎么处理

43. 在家中，您是否经常与父母吵架？（　　）

A. 很少，基本没有　　　　　　B. 偶尔会

C. 经常与父母吵

44. 您认为恋爱的动机是什么？（　　）

A. 恋爱是纯洁美好的，没有动机

B. 彼此仰慕欣赏，希望能建立家庭、选择伴侣

C. 寻找精神寄托，弥补内心空虚

D. 满足心理和生理发展需要

E. 获得异性交往经验，满足好奇心

45. 您对大学生同居行为的态度是？（　　）

A. 不能接受　　　　　　　　　B. 可以接受

C. 无所谓　　　　　　　　　　D. 不知道，没有考虑过

46. 如果您正在恋爱中，是否考虑过与恋人将来的关系？（　　）

A. 没想得那么多

B. 有明确的想法，要为对方负责

C. 看以后的发展再定

47. 时下社会观点"干得好不如嫁（娶）得好"，您的看法是？（　　）

A. 同意，只要富裕了就行，何顾采用什么手段

B. 不同意，感情第一

C. 同意，娶（嫁）个有钱人，不用奋斗

D. 不同意，我有自尊，靠自己

48. 在挑选恋爱对象时，您会最看重哪一个方面？（　　）

A. 品德与修养　　　　　　　　B. 共同的志趣

C. 容貌与气质　　　　　　　　D. 学习与能力

E. 经济状况与家庭背景　　　　F. 宗教信仰

49. 您认为爱情和金钱哪个更重要？（　　）

A. 爱情第一，需要两个人并肩奋斗去获得财富和幸福
B. 金钱是爱情的物质基础
C. 爱情和金钱同样重要

50. 如果您曾经失恋过，或者将来万一失恋，您的做法是？（　　）

A. 很快将过去了　　　　　　B. 开始一段新的恋情
C. 将注意力转移到学业上　　D. 意志消沉，难以想象

衷心感谢您的参与！

第三章

讲 诚 信

学习目的和要求

- 了解诚信的内涵
- 诚信危机产生的原因
- 掌握大学生诚信教育具体措施
- 努力在实践中去践行诚信品质

在现实生活中，诚信是我们每一个人做人的底线，也是我们每一个人在与他人进行交往，处理个人与社会、个人与个人之间相互关系时应该遵循的行为准则。目前，大学生的诚信状况主流是好的，他们积极进取、互相帮助、礼貌待人、诚实有信。但是，由于受到多重价值观念的影响，大学生诚信缺失的现象也时有发生，如抄袭作业、考试作弊、恶意拖欠学费、伪造贫困骗取国家补助，偿付金融机构的助学贷款本息时违约、求职简历中弄虚作假、随意撕毁和用人单位签订的合同、恋爱态度不严肃等。虽然这些现象只存在于少数的大学生之中，但它对于构建和谐社会，对于国家的发展和未来都有不良的影响。因此，我们应当把大学生诚信教育提到德育教育的重要位置。

第一节 诚信概述

引例思考

皇甫绩守信求责

皇甫绩是隋朝有名的大臣。他三岁的时候父亲就去世了，母亲一个人难以维

第三章 讲诚信

持家里的生活，就带着他回到娘家住。外公见皇甫绩聪明伶俐，又没了父亲，怪可怜的，因此格外疼爱他。外公叫韦孝宽，韦家是当地有名的大户人家，家里很富裕。由于家里上学的孩子多，外公就请了个教书先生，办了个自家学堂，当时叫私塾。皇甫绩就和表兄弟们在自家的学堂里上学。外公是个很严厉的老人，尤其是对他的孙辈们，更是严加管教。私塾开学的时候，就立下规矩，谁要是无故不完成作业，就按照家法重打二十大板。

有一天，上午上完课后，皇甫绩和他的几个表兄躲在一个已经废弃的小屋子里下棋。一贪玩，不知不觉就到了下午上课的时间。大家都忘记了做教师上午留的作业。

第二天，这件事被外公知道了，他把几个孙子叫到书房里，狠狠地训斥了一顿。然后按照规矩，每人重打二十大板。

外公看皇甫绩年龄最小，平时又很乖巧，再加上没有爸爸，不忍心打他。于是，就把他叫到一边，慈祥地对他说："你还小，这次我就不罚你了。不过，以后不能再犯这样的错误。不做功课，不学好本领，将来怎么能成大事？"

皇甫绩和表兄们相处得很好，小哥哥们都很爱护他。看到小皇甫绩没有被罚，心里都很高兴。可是，小皇甫绩心里很难过，他想：我和哥哥们犯了一样的错误，耽误了功课。外公没有责罚我，这是心疼我。可是我自己不能放纵自己，应该也按照私塾的规矩，被重打二十大板。

于是，皇甫绩就找到表兄们，求他们代外公责打自己二十大板。表兄们一听，都扑哧一声笑了出来。皇甫绩一本正经地说："这是私塾里的规矩，我们都向外公保证过触犯规矩甘愿受罚，不然的话就不遵守诺言。你们都按规矩受罚了，我也不能例外。"

表兄们都被皇甫绩这种信守学堂的规矩，诚心改过的精神感动了。于是，就拿出戒尺打了皇甫绩二十大板。

后来皇甫绩在朝廷里做了大官，但是这种从小养成的信守诺言、勇于承认错误的品德一直没有丢，这使得他在文武百官中享有很高的声望。

皇甫绩的故事告诉我们，只有言而有信，诺而有行，行而有果，才能以信用取信于人。

(出自《隋书·皇甫绩传》)

理论提升

诚信是中华民族几千年来形成的优良传统美德。中国自古以来就强调诚信的重要性，在当代的社会主义市场经济体制下更加要讲究诚信，作为未来社会主义接班人的当代大学生更应该加强诚信方面的教育。

一、诚信的内涵

"诚"即诚实,是指真实不欺的品德,它要求人有真心、真言、真行,真诚的待人处事,反对欺骗、虚伪。它包含着忠诚自己和诚实对待别人的双重内涵。

"信"即守信,是指遵守诺言的品德。这种品德要求人们要对自己说过的话负责,要言而有信,诺而有行,行而有果,以信用取信于人。

二、中国传统诚信思想中"诚"与"信"的关系

中国古代,"诚"和"信"意义相近,因此常被互换互用。东汉许慎《说文解字》把诚与信互训,诚即信,信即诚。然而两者是有区别的概念:

"诚"偏于内在,偏向于主观思想;而"信"偏向于外在,偏向于行为表现。一个内"诚"的人,要尽量认识、发挥自己的道德良心,发掘自己的道德品质,并使外在的道德行为符合内在的道德良心和道德品质。"信"强调的是在与他人交往中应该持有的道德品质。

曾经有这样一位老太太,一贫如洗。她东拼西凑地开了一家零件批发商店,多年之后竟然腰缠万贯。何以至此?因为她坚信"一毛钱"中有诚信,即每盒零件只赚一毛钱。有一次,买方算错了钱,老太太立即转了几趟车,亲自把钱送还。如今,这位文盲老太太依旧过着与多年前一样的清苦日子,依旧坚持"一毛钱"的诚信,丝毫未因富裕而"昏头"。有人问她为何这样做,她只是说:"我觉得舒坦。"

三、诚信危机及其产生原因

诚信危机是指社会中诚信道德严重缺失的状态及其造成的灾难。

诚信危机产生的原因主要是:(1)道德地位的衰微是诚信危机产生的历史根源。(2)不规范的市场经济是诚信危机产生的经济根源。(3)信用制度缺失是诚信危机产生的制度根源。

▶ **案例**

济阳有个商人过河时船沉了,他抓住一根大麻秆大声呼救。有个渔夫闻声而至。商人急忙喊:"我是济阳最大的富翁,你若能救我,给你100两金子"。待被救上岸后,商人却翻脸不认账了。他只给了渔夫10两金子。渔夫责怪他不守信,

出尔反尔。富翁说:"你一个打鱼的,一生都挣不了几个钱,突然得十两金子还不满足吗?"渔夫只得怏怏而去。不料想后来那富翁又一次在原地翻船了。有人欲救,那个曾被他骗过的渔夫说:"他就是那个说话不算数的人!"于是商人淹死了。商人两次翻船而遇同一渔夫是偶然的,但商人的结果却是在意料之中的。因为一个人若不守信,便会失去别人对他的信任。所以,一旦他处于困境,便没有人再愿意出手相救。

课堂实训

一、实训内容

开展关于一次诚信教育的主题班会。

二、实训目的

(1) 唤起大学生的自我教育和自我完善的意识。
(2) 加强诚信建设,养成诚信待人、诚信处事、诚信学习、诚信立身的品德和行为。

三、实训要求

(1) 以班级为单位利用班会、宣传栏、宣传海报、彩色展板等形式进行广泛发动和宣传。
(2) 举行以"我诚信 我骄傲 我文明 我骄傲"为题目的诚信活动。

四、实训总结

第二节 大学生诚信教育的养成训练

引例思考

注重诚信的"大学生修车匠"

如果他不是大学生,老刘不一定把自行车交给他修。老刘的自行车几乎是九成新,骑在路上突然没气了,估计是扎着什么钉子之类的东西,刺破了内胎。正好路边有个修补自行车的摊子,他就推着车走了过去。

修车人是个长得白白净净的小伙子,他正忙着给一位女士修车。老刘同那女士商量，因有急事，能不能先补？那女士说很抱歉，她也有急事。

小伙子让老刘把车留在这儿，先去办事，等会儿回来取车就行了。见老刘有些犹豫，旁边那女士说：尽管放心，小伙子是在校大学生，每个星期都在这儿修车。

老刘问："真的吗？"

小伙子一边干一边回答，已经在这儿做了一年多了，感觉比打工强。这条路上骑自行车的人多，市场大得不得了。老刘看了看他给女士修车的态度和动作，直觉告诉他，这个修车人可信，而且有过硬的修车本事。

这时老刘的手机响了，朋友又在催老刘赶快过去。老刘就把自行车包括钥匙交给小伙子，并约定，大约一小时来取自行车。小伙子再三叮嘱："你一定要来，明天我有其他的事，你可能找不到我。"

事情办得很不顺利，老刘至少过了两个小时才赶回大学生摆摊修车的地方，已经看不到人影，连修车的工具都一起失踪了。

第二天，老刘专门去了那儿，还是没有见到那个大学生。猜测他要上课，等到星期六又去，还是不见人。老刘不甘心，星期天再去，结果事情如他估计的一样，这个"大学生修车匠"像是从人间蒸发了一般，依然不见人。

老刘不想再去了，因为那地方与他上班不同方向，去一趟很麻烦。老刘想：一辆自行车而已，就当是被小偷儿偷了吧。

这件事过了大约两个月后，有一天，老刘偶然路过那里。一个小伙子大声喊着向他追来，老刘停下脚步回过头。"你还认得我吗？"小伙子气喘吁吁地说，"过来取回您的自行车吧，都放了两个月了。"

小伙子告诉老刘，给他修车的第二天，就去一家公司应聘，通过笔试、面试被录用了。公司对新员工的培训安排在周末两天，所以就没法来修车。

"我每个星期下了班，都推着车子来等你，两个多月了。连做梦都梦见你好几回呢！"小伙子如释重负地说道。

老刘接过自行车，发现车子被他擦得十分干净，轮胎也没有丝毫的磨损。一看就知道，他没有当成自己的车使用。老刘心生感激，要多付钱给他。小伙子坚持只收两块钱："说好两块就两块！"

老刘说："你多次来这里等我，就算我付给你的劳务费吧。"小伙子坚持不收。他说："没什么。如果我再修自行车的话，您老多照顾我的生意就行了。"说完，转身跑了……

理论提升

一、诚信教育与课堂教学相结合，建立大学生诚信教育体系

课堂教学是诚信教育的主阵地。针对目前部分大学生诚信缺失的现象，"两课"和专业课应适当增加和渗透诚信教学内容，培养大学生的诚信意识，提高大学生对诚信的认识，充分发挥课堂教学在诚信教育中的指导作用，将课堂教学与大学生思想政治工作有机结合起来。"两课"教师可以在教育过程中树立正面的典型榜样，以大学生生活中鲜活的诚信事例，运用讲座、参观、走访等方式，多角度、全方位地对大学生进行立体的诚信教育。

二、理论与实践相结合，在实践活动中深化诚信教育

对于大学生的诚信教育，我们不仅要内化成学生的理论知识，更要渗透到大学生社会实践活动中，将知转化为行，让学生在实践中亲身体验诚信的意义和价值，提高践行诚信的自觉性。学校应建立大学生诚信实践机制，设置诚信实践的模拟环境，以爱国主义教育基地、社会实践基地、就业实习基地等为依托，通过党团组织、第二课堂和学生社团等渠道广泛开展诚信教育实践活动，使学生身临其境。

三、思想育人和环境育人相结合，营造良好的诚信氛围

对诚信教育来说，营造一个良好的诚信氛围尤为重要。社会、学校和家庭应坚持不懈地在大学生中进行诚信道德教育，并将各方面教育紧密结合起来，使之相互配合、相互促进，形成教育合力。社会应通过健全法制把对公民个人信用的管理纳入法制轨道，积极营造诚信为本的舆论监督机制，在全社会形成一种"诚信光荣，不诚信可耻"的氛围，为高职院校学生诚信教育营造良好的社会环境。

四、建立高职院校学生个人诚信档案，完善诚信教育监督机制

尽快建立大学生诚信档案，实现诚信管理信息化是加强大学生诚信教育的有效手段之一。在新生入学教育期间，学校要向新生开展诚信教育，并建立大学生个人诚信档案。大学生的诚信档案应具备大学生诚信承诺书、个人资料、操行评定、学习成绩、健康状况、奖惩情况、信用记录、个人意见、学校意见、备注等项目，其中信用记录为大学生诚信档案的重点。诚信档案实行动态管理，由辅导员或班主任负责，对学生在学习、工作、生活中的诚信表现予以翔实的纪录。学校要把诚信档案作为一个重要指标，与学生评优、入党、竞聘干部、综合测评、发放贷款、就业推荐、保送攻读本科等工作结合起来，使个人诚信档案成为大学生个人的名片和走向社会的通行证。

▶ 知识链接

大学生信用贷款

大学生信用贷款是一种创新的贷款产品，是无须抵押，无须担保人，快速贷款，为大学生提供便捷的个人贷款方案。

大学生信用贷款制度应取消"共同担保人"的基本条件，以大学生个人的信用作为担保，把贷款人（学生）作为单一责任主体，依据大学生未来可能的收益以及可能的良好信用来预付现在。

课堂实训

一、实训内容

学文明礼仪，做诚信学生。制订详细的诚信教育计划。

二、实训目的

（1）把诚信教育与民族精神教育结合起来，与学生行规训练结合起来，与"学礼仪"活动结合起来，与廉洁教育结合起来。以行规教育和"学礼仪"作为主要抓手，培养学生诚信守法、诚实待人的好品德。

（2）加强诚信建设，养成诚信待人、诚信处事、诚信学习、诚信立身的品德和行为。

三、实训要求

（1）广泛而深入地开展"创三好"活动，即：在学校做一个好学生，在家里做一个好孩子，在社会做一个好少年。通过"创三好"活动，使全校学生都能够讲文明，懂礼貌，遵纪守法，诚实守信。

（2）深入开展文明礼貌教育，扎实开展遵纪守法教育，加强真诚待人和乐于助人的教育。

（3）各班利用黑板报实施诚信教育。

（4）每个学生阅读一个诚信故事。

（5）各班发动学生通过上网或阅读收集诚信格言，每个学生记住一条"诚信格言"。

(6) 发动学生寻找身边的诚信事例,并在同学中宣讲。

(7) 活动月结束后评出若干名"诚信好学生"。

四、实训总结

本 章 小 结

诚信不仅是一种声誉,更是一种资源,就个人而言,诚信是高尚的人格力量;就企业而言,诚信是宝贵的无形资产;就社会而言,诚信是正常生产生活的秩序;就国家而言,诚信是良好的国际形象。

素 质 拓 展

活动:诚信状况测评

(一) 情景描述

1. 你认为自己是个讲诚信的人吗?(　　)

　A. 是,诚信是人的基本道德,一向严格要求自己

　B. 视具体情况而定,不诚信是偶尔状况

　C. 不是

　D. 其他

2. 你认为目前大学生的总体诚信情况如何?(　　)

　A. 很好,不值得担忧

　B. 较好,不诚信只个别行为

　C. 较差,较多人存在不诚信的行为

　D. 很差,前景值得担忧

3. 你认为不少大学生诚信缺失的原因是什么?(　　)

　A. 社会大环境中不诚信的影响

　B. 家长、老师、朋友的影响

　C. 高校考试教育体制不合理

　D. 其他

4. 你认为加强大学生的诚信应该从哪些方面入手(多选题)?(　　)

A. 健全个人诚信档案　　　　　B. 建立失信的惩罚措施
C. 开展宣传教育　　　　　　　D. 加强舆论监督
E. 其他

5. 在成长过程中，长辈对你进行过有关诚信的教育吗？（　　）

A. 小时候有，长大以后没有
B. 经常，长辈很重视
C. 基本没有，被长辈忽略

6. 和他人交往时，你是否看重对方的诚信？（　　）

A. 十分看重，是决定性条件
B. 比较重视，但不是决定性条件
C. 无所谓，大家开心即可

7. 在申请国家助学贷款或特困生补助时，你会对家庭情况（　　）。

A. 如实填写
B. 夸大经济困难程度，不惜出具假的家庭证明
C. 基本上照实说，稍微有点隐瞒
D. 其他

8. 你认为银行对助学贷款的担保及偿还要求（　　）。

A. 不可理解，要求过于苛刻，对大学生没有必要
B. 与诚信无关，是银行的原则问题
C. 理解，银行有其难处，毕竟现在的社会不诚信现象很常见
D. 其他

9. 你对作弊行为的看法是（　　）。

A. 深恶痛绝，自己绝不会作弊
B. 不赞成，但也不会制止，是老师的事情
C. 无所谓，现在作弊司空见惯，没有什么大惊小怪的
D. 无所谓

10. 对于毕业求职简历中的修饰现象，你认为（　　）。

A. 是不诚信的体现，不值得提倡
B. 适当修饰可以理解
C. 允许，大家都明白有很多水分，没什么大不了的

11. 你怎么看待约会迟到和借物不还的情况？（　　）

A. 很生气
B. 有时候确实是有原因，没关系

C. 无所谓，个人性格问题

12. 某大学一位教授因剽窃论文而开除，你认为（　　）。

A. 做法合理，有助于纠正学术风气

B. 没必要，学术作假大家心知肚明

C. 惩罚过分，有点不近人情

(二) 讨论与评估

(1) 3~5人一个小组，围绕调查问卷上的问题展开讨论。针对意见不同的问题，意见双方要有理有据地对自己的想法进行阐述。

(2) 小组成员之间结合自身学习生活经历，谈谈如何从小事做起，培养自己的诚信意识。

(3) 活动目的。

①以诚相待。东晋高道葛洪在《抱朴子·交际》中，反对"匿情而口合""面从而背憎"，故我们应以真情实意对待朋友，不可口是心非，隐瞒实情。真诚是友谊的生命，如果对朋友诈伪而无真诚之情，这只是"乌集之交"。只有肝胆相照的朋友，才是"腹心之友"。西汉文学家、哲学家扬雄于《法言·学行》曰："朋而不心，面朋也；友而不心，面友也。"若交朋友而不交心，不能开心见诚，这种缺乏真诚的友谊是难以持久的，故人际交往贵在真心、交心与知心。

②以信相交。朋友之间必须诚实忠信，《论语·学而》曰："与朋友交，言而有信。"一旦欺骗朋友，朋友也不会信任自己，便会破坏了大家的友谊。而真的朋友，能做到如《礼记·儒行》所言："久不相见，闻流言不信。"就算大家很久没见，当听到有关朋友的谣言，彼此仍能互相信任。

③以道义相交。将人际交往建立在道义的基础上，彼此皆以道义为原则，这是一种君子之交。北宋著名文学家欧阳修在《朋党论》中深刻地分析说："小人与小人，以同利为朋……小人所好者利禄也，所贪者货财也。当其同利之时，暂相党引以为朋者，伪也。及其见利而争先，或利尽而交疏，则反相贼害……君子则不然。所守者道义，所形者忠义……以之修身，则同道而相益……终始如一。"真正的君子之交以道义为基础，真心相待，友谊是持久的。相反，小人之交以势利为基础，虚假造作，友谊是短暂的。

④以平等相交。将友谊建立在志同道合、情趣相投的基础上，贵者一方不应以自己的年资、地位、权势、财富作为交友的资本，彼此应当相互尊重，做到正如《法言·修身》所言："上交不谄，下交不骄。"遇到显贵的人，不会因此奉承巴结；遇到寒微的人，不会因此傲慢自大，这正是平等之交的可贵之处。

第四章

强 技 能

学习目的和要求

- 了解技能的重要性
- 领会技能的内容
- 领会职业技能培养的途径和方法,在实践中加强技能训练,提高职业能力

　　培养和提高大学生的专业技能是社会发展提出的新要求,也是山西金融职业学院落实"三位一体"人才培养模式的必然要求。专业技能在人的职业生涯中对专业能力的运用和个体的发展都扮演着重要的作用。在现代社会的职业生涯中,从业人员的知识老化周期和产品的生命周期相似,专业知识和技能也有一个周期。据有关资料显示:知识的更新周期为3～5年,如果一个人不具备接受再教育的能力,就不能及时更新自己的知识,就不能很好地调整自己的认知结构。因此,获取知识的能力比获取知识的数量更重要。

　　本章主要分为两节,主要从技能介绍和技能的训练与养成两大方面来展开论述,使学生对技能的重要性、技能的基本内容形成一个全面系统的认识,并在如何进行技能培训与养成方面提供有价值的思路。

第一节　职业技能概述

引例思考

　　"灰领"短缺——中国制造业所面临的困境

　　我国加入WTO以来,正在从世界加工中心转变为世界制造中心,大量携带

着先进技术的外资企业纷纷来华投资，各种科技含量较高的制造加工机器，要求操作者必须同时具有知识和技能。由于缺乏既懂技术又能操作的"灰领"人才，我国现在许多企业面临的问题是：一流的设备，二流的管理，三流的产品。

中国机械工业联合会、中国机械冶金建材工会组成联合调查组以问卷调查、召开座谈会和深入企业实地调研等多种形式，对机械工业技工队伍现状进行调查后得出结论，在被调查的87家机械行业国有大中型企业中，高级技师仅占工人总数的0.26%，技师占2%，而且近70%的中级工、初级工（不含无等级工），只有中等以下文化程度，这种素质状况远不能达到高、新、精设备对操作工的要求。来自劳动和社会保障部的调查统计显示，在全国企业职工中，技术工人只占约1/3，技师、高级技师仅为4%。中国国情研究所的数据也显示，目前全国数控工人技师缺口达60万人，高级程序编写员缺口42万人，高级模具工缺口40万人。目前我国各类制造业中，仅数控加工人才的缺口就超过60万人。

深圳一家企业开出6000元的高薪找不到合适的高级钳工，青岛一制造公司打出年薪16万元只为招一名高级模具技工，类似这样的场面不时地出现在各地的劳务市场上。有价无市的高技能人才，已经让许多企业陷入困境，引进先进的设备没有人操作，不引进就不能提高生产效率和产品质量。技能人才的短缺已经成为我国制造业发展的"瓶颈"之一，"灰领"的缺乏更加阻碍了中国制造业自主产品的开发研制。

思考："灰领"短缺背后的真相。

理论提升

一、培养高职学生职业技能的重要性

高职学生职业技能主要分为硬技能和软技能，硬技能主要是关于专业素质的一种培养，关乎学生工作岗位和职业，而软技能的培养主要是思想道德素质、科学文化素质、身体心理素质的一种培养，关乎学生的学问及修养。这里，主要探讨的是高职学生硬技能的相关内容。同时，职业技能的培育也是与当今职业教育领域工匠精神的培养目标一致的。要将学生硬技能的培育与软技能的培育结合起来。

第一，高等职业技能以培养具有良好的职业道德、熟练的专业技能、可持续的发展能力的高素质应用型人才为目标，培养高技能人才有其自身的规律性和特殊性。目前，在我国的职业教育中，强调专业，强调技术，容易忽视人文教育，学生的人文素养欠缺；功利导向，使学生的全面素质和扎实的基础受到影响；共性制约，使学生的个性受到抑制等现象存在。

第二，实现高职院校转型跨越的出路。2016年，恰逢中国《职业教育法》颁布20周年，国务院明确强调，要加快职业教育现代化体系的构建，建立起高职学校质量年度报告制度，规范职业学校学生实习管理规定，并规划在海外建立彰显中国工匠精神的"鲁班工坊"，其被称为职业教育领域的首个"孔子学院"。截至2015年年底，全国31个省份已经建立起了高职院校生均拨款制度。在国家对职业院校如此重视的大背景下，高职院校必须谋求发展的转型跨越。高职院校着眼于培养技能型实践性人才，此类型人才必须具有专业精神、职业态度和人文素养。长期以来，高职院校发展目标定位于培养学生生存的某种技能，并未将极致和完美的目标作为人才培养的终极追求。同时，与工匠精神相关的要求也并未全面体现在我国高职院校的人才培养计划中，在理论教学和实践教学环节存在缺失，而这种状况的改变，正是职业教育转型跨越发展的本质和内在规定，学校职业教育的成功与否，直接影响一个国家制造业的发展。

第三，有助于实现产教融合，实现人才效益价值的转化。高职院校的教育目标是在立德树人理念的引领下，培养又红又专、德才兼备、全面发展的中国特色社会主义合格建设者和可靠接班人，这与职业技能领域的工匠精神的培养目标是殊途同归的。工匠精神生长于企业，却萌芽于教育。工匠精神的培育，首先是教育的结果。因此，用工匠精神的理念、宗旨、发展等相关内容潜移默化影响学生，实现校企人才培养方案的对接，有利于提高职业院校人才培养的针对性，实现人才价值效益的转化，推动职业院校内涵式发展。

高职学生的硬技能是一种显性的素质与能力，是从事某一职业岗位所必须具备的知识与技术，包括专业素质和通用能力、特定能力。而高职学生软技能则是指一种隐性的素质与能力，既包含思想道德素质、文化素质和身体心理素质，也包含从所有职业活动中抽象出来的最基本的职业核心能力。

二、我校学生职业技能培养的主要内容

第一，点钞技能。采用单指单张点钞法，采取限时不限量的形式，限时10分钟，采用差错法，共设置点钞券20把，差错范围为±5张。具体要求为在规定时间内完成清点、扎把、记数等一系列工序；要求点一把，扎一把，做到点准，墩齐，捆紧；按备用练功券序号顺序点钞，不得跳把。未经清点的钞票不得作为已点把数（即不得甩把）；点钞过程不得串指，单指单张点钞方法要求一张一张地点，不得一指点两张或两张以上，每一把必须点完最后一张，否则不计该把成绩；监考老师发出"第一把起把，预备"口令时，选手可持第一把在手做好

准备，发令"开始"选手才可点钞。

第二，键盘技术技能。中文录入，考核时间均为 10 分钟，考核结果按汉字录入速度与正确率综合计算成绩；传票翻打考核时间为 10 分钟，考核结果按数字录入速度与正确率综合计算成绩。

课堂实训

一、实训内容

以班级为单位进行一次有特色的技能小比拼，例如脱口秀。

二、实训目的

为了丰富班级文化生活，体现大学生朝气蓬勃、积极向上的精神状态，提高我校学生演讲水平，培养学生的演讲能力以及舞台应变能力，营造浓厚的课堂学术氛围，同时也为了提高大学生综合素质，促进当代大学生对社会的关注和对生活的热爱。

三、实训要求

（1）亮出自我：即自我介绍环节，学生采用多种形式将自己展现给评委和观众。

要求：形式多样，具有创新性，能引人入胜。

（2）秀出自我：主要锻炼学生的临场发挥能力，考验选手的现场反应能力，选手将借助图片、词汇、物件等多媒体资料来进行即兴演讲。

要求：学生演讲内容积极、健康向上；思维敏捷，反应迅速，能把握资料反映的主题。

（3）完美自我：知识问答环节。

要求：每位同学都能准确、熟练地回答所抽取的题目。

四、实训总结

（1）学生们相互分享此次活动心得与收获。

（2）教师总结、评价，并根据演讲情况总结实训效果。

第二节 大学生职业技能的培养

> **引例思考**

大学培养人才的社会责任

过去说学生是学校的产品，现在要将之纠正为学生是学校服务的对象，学生交学费是来买服务的；过去的招生宣传说要让学生成长、成才，现在学校为学生服务，则要加上一条——让学生成人。

某些大学与外界沟通不畅，这造成了部分大学生缺乏技能训练、不会团队协作和批判性思考、不能创造性解决问题。对于诸如此类"软技能"的缺乏，有的雇主甚至抱怨："连微笑、握手，我还要教这些二十多岁的年轻人！"

大四的小王同学就读某大学文理学院的广播电视新闻专业。从大三开始，他的求职受挫无数，他参加过公务员考试以及在地市一级电视台、某些保险公司和几家银行的笔试，但他统统充当了陪衬，偶有被准许实习，可所受到的"伤害"更让他难以忍受，一次次希望又伴随着一次次失望，周而复始，使"心很凉"的他已经不再想进入什么媒体了，他表示："梦想之于我太奢侈了，我根本没有资格来谈。"

> **理论提升**

一、高职学生职业技能训练的路径

第一，以职业道德教育为中心，培养学生的职业道德素质。职业道德是职业素质的首要方面，开展职业道德教育是社会进步、经济建设的客观要求，也是高职德育的主要特色。例如，结合兄弟院校发展经验，探索在校内成立学生诚信银行，并将学生诚信行为进行细化、量化，对大学期间学生在学习、经济、生活和社会实践等方面的行为以诚信记录袋的方式记录下来，并予以分数量化，同时纳入职业素养课程群的平时考核成绩当中，以外部监督的形式进行诚信教育。

第二，以职业心理辅导为手段，培养学生的职业心理素质。目前，许多高职院校都注重加强学生的心理指导，特别是重视学生的职业心理辅导工作。学校结合高职学生的心理特点，坚持教育、辅导、咨询、服务四结合的教育模式，开展心理辅导工作。例如，我院开设了心理健康课和就业及创业指导课等，并组建以心理学骨干专业教师为主的心理咨询室，积极为高职院校学生的心理健康教育服务。

第三，以校园文化建设为载体，培养学生的职业、科学、文化等综合素质。举办主题鲜明、内容丰富、形式多样的校园文化活动，不仅能丰富学生的学习生活，而且能使学生在活动中学到未来职业所需的科学文化知识，从而提高学生的职业科学文化素质。

第四，以特色专业为平台，培养学生的专业能力素质。目前，许多高职院校都以市场需求为切入口，建设特色专业，并与企业签署协议，共同组建人才培养工作委员会，学校依据企业的需求和发展方向，为其培养"实用型"技术人才。企业为学生提供技能实训的条件和机会，优先录用优秀毕业生；企业接受教师到企业调查研究，到生产一线锻炼，以利于其改进教学，调整人才培养方向。同时，让学生根据自己的兴趣和未来发展重新选择专业。在专业学习上，鼓励学生跨系和跨专业听课，通过知识的交融，使每个学生的专业结构呈现个性化特色。

第五，以实践教学为突破口，培养学生的职业创新能力，建立以职业能力为中心的教学体系，已经成为高职教育界的共识。实现这一共识，应以实践教学为突破口，在培养学生的专业能力的基础上，提高学生的职业创新能力。把实践性教学贯穿于人才培养的全过程，这是提高人才培养质量的关键。基于高职专业教学内容有40%为实践环节的实际情况，各高职院校都重视实践教学体系的建设与管理，制定了各项规章制度，如《实验、实习、实训管理试行办法》《实训评分标准》和《实训质量评估试行办法》等。同时，在学生中建立科研立项制度、导师制度、科技成果奖励制度，创设学生科技社团专用活动室、学生科技活动实验室等，把职业创新能力的培养融入到实践教学中去。总之，我们认为培养高职学生的职业素质必须注重职业素质教育目标的定向性、职业素质教育内容的实践性、职业素质教育结构的模块化。

二、高职学生职业技能考核标准

第一，预期目标。围绕"三位一体"人才培养模式这一办学理念，结合我院转型跨越发展的指导思想和战略目标，以职业教育为核心，以提高当代大学生的职业素养、职业技能和奋斗精神为重点，针对我院青年学子的实际情况，深入开展形式多样、青年喜闻乐见的校园文化活动，引导激励广大青年为全面提高职业素质、培养职业技能而奋发图强。

通过对学生阶段性的成果进行检验，将主要体现素质教学部成立的实践意义以及我院"6930"行动计划和"三位一体"人才培养模式的实战成果，通过一系列的活动激发学生学习的积极性、主动性和创新性，以达到"以赛代考、以赛代练"的八字教学方针。

第二，阶段性成果检验系列活动将紧密围绕"提升素质、展现风采"主题，引导学生参加各类融思想性、知识性和艺术性为一体的活动，充分体现我部学生热爱生活、多才多艺的精神面貌，展示我院学生职业素质和技能的培育成果。提供类似如下活动："我的校园生活""我的生涯规划"征文活动、篮球比赛、拔河比赛、英语朗诵比赛、汉语言表达技能大赛、书法及绘画比赛、点钞技能大赛、文明宿舍评比、Word排版比赛、计算机键盘技术技能大赛。活动将贯穿大一年级的整个学期，同时根据学生技能特长、所学专业课程以及季节的交替变化而增加相应的活动，如辩论赛、专业策划方案比评、Excel表格技术大赛、PPT编辑比赛、乒乓球比赛、羽毛球比赛、踢毽子比赛、歌唱比赛、舞蹈大赛、针织刺绣比赛等，以达到既能够增强学生职业技能与职业素养，又能够丰富学生校园文化生活的目的。

第三，点钞考核标准。在单指单张项目下，分为及格（12把）、良好（14把）、优秀（16把）；因扎把不紧造成散把或能抽出票币的，每散一把或能抽出一张票币的扣减1把；监考老师发出"开始"口令前点钞（"抢点"），或者发出"时间到"口令后仍继续点钞的（"超时点"），如有串指，各扣去1把；最后一把零张要求扎把，计数，不要求盖章，不计入总成绩。

第四，键盘技术考核标准。形式：采用中文录入、传票翻打的相关软件进行考核。在五笔输入法状态下，中文录入60字/分钟以上为合格，80字/分钟以上为良好，100字/分钟以上为优秀；传票翻打180字符/分钟以上为合格，210字符/分钟以上为良好，240字符/分钟以上为优秀。以下四种情况成绩为0分：眼睛看键盘；指法错误（如单指、两指操作）或指法混乱；传票翻打时左手进行键盘操作；传票翻打时左手翻传票时翻一张放一张，翻页未夹在食指与中指之间。

课堂实训

一、实训内容

明确我院三项技能标准，进行一场技能比赛。

二、实训目的

为了提高我院学生的信息处理和应用能力，以加强学生的实际操作能力，提升学生的综合素质，检验"以赛带练"课程的训练成果，全面促进"三位一体"专业人才培养方案。全面推行"课赛一体""以赛带练"实践教学模式；实现

"以赛促教、以赛促学、赛教结合、全员参与、共同提高"的实践教学目标。

三、实训要求

要求每位同学必选一项技能参赛,并遵守比赛规则。

四、实训总结

职业技能大赛对职业学校教师队伍的建设,对学生的职业素养和就业能力方面都有较大的推动作用,同时在校企合作和实训基地建设方面更是相互促进。未来,我国职业技能大赛将进一步推动我国职业教育的影响,为职业教育的发展指明方向,为企业提供真正需要的技能型人才。

本 章 小 结

培养高素质的技能型人才一直是我国高职教育的培养目标和努力方向,也是我院在建设山西一流、全国领先的知名职业院校的过程中人才培养的目标所在。同时,在对职业硬技能培养的过程中,以汲取工匠精神精益求精、持续创新的内涵推进职业技能培养的方式、内容和考评体系,帮助学生不仅具备良好的职业技能,同时,增强职业素养和职业认同,真正达到职业教育的目的,支撑职业教育内涵式、跨越式发展。

素 质 拓 展

素质教学部键盘技能队训练方案

键盘技能队作为素质教学部本学期的工作重点,要"提高认识、精心策划、周密安排、狠抓落实、赛出成绩"。为使技能队的训练能够做到有目标、有计划、有成果,特制订此训练方案。

一、整体思路

(一)管理要"严"

(1)严格要求键盘技能队学生遵守学校各项管理规定,勤于动手,善于动脑,提高键盘熟练程度,从而提高打字速度。

(2)严格要求每一个细节,注重每一个细节,细到学生的坐姿、指法,放大视野,没有最好,只有更好,精益求精。

(3) 实行例会制度，每天训练完毕，总结当天的训练成绩，查找问题与不足，及时修改计划，以使新一天的训练成绩有所提高。

(二) 思想要"疏"

针对技能队成员训练过程中出现的疲劳和心理焦虑，及时开展心理辅导、情绪疏导，有效帮助学生调整心态、缓解压力。针对技能队成员平时训练压力大、强度高、课余文化生活单一等问题，定期开展互动游戏，使大家紧张的情绪能够得到一定程度的舒缓，可以解决个别学生阶段性厌训、心理压力大等心理问题，使学生放松心灵，增强队员的心理调节能力。

(三) 水平要"练"

保障键盘技能队成员每日练习时间，五笔打字是一个日积月累的过程，是一个不断练习、不断成长的过程，只有在每日不懈的坚持下才可能得到稳定增长。水平要"练"要求成员必须做到两点：一是每日必须保证一定时间的练习；二是每日必须根据自己的水平保证练习一定的工作量，以保障水平稳步的提升。

(四) 训练要"竞"

通过选拔赛、擂台赛鼓励学生人人参加技能训练，重视技能训练，形成相互竞争的良好氛围，争创技术能手的新局面；训练期间亦可组织学生进行模拟赛，模拟真实赛场，相互学习，相互比赛，共同进步。

二、训练方案

(一) 广泛选拔阶段

面向学校所有学生开展各项技能竞赛，选拔成绩较为突出、具备选手素质和有潜力的学生作为重点培养目标。制订每日训练计划和阶段性训练计划，一周为一个周期通过擂台赛形式进行考核，经过两次选拔赛，指导教师在这段时间内也充分地了解技能队成员，明确他们的优势、劣势，并进行人员淘汰筛选，形成最终的键盘技能一队、键盘技能二队及键盘技能三队，即素质教学部技能梯队。

(二) 集训阶段

(1) 实现盲打：要想熟练地输入中文，首先就必须学会盲打，只有学会了盲打，才能够使输入速度大大提高。集训的第一个阶段便是实现盲打，打好练快五笔的基础。

(2) 指法训练：根据字型的字根进行指法训练（这是建立在盲打基础之上的），学会全部汉字的"字型"编码，不必刻意去背诵，只有多加练习，熟能生巧。

(3) 记住特殊结构：在使用字型的过程中，要根据汉字的结构进行拆字，但是有些字在拆字根时有些特殊，这就需要在平日里多加留心，并把它们记住，时间一长，一些难拆的字也就攻克了。

(4) 多加思考：要实现熟练使用字型输入法输入汉字，要求必须在平时用汉语思考问题时（一般都使用汉字），想一想每个字怎么拆，应该按什么键，必要时可以手指动一动，因为我们平时仅仅需要输入常见的汉字，而这些汉字就是平日里被我们使用的，所以只要多加思考，以后在输入汉字时就会做到"脱手而出"。

(三) 冲刺阶段

随着训练时间的推移，队员们长期的日夜奋战，出现极度疲劳和心理焦虑，为此要广泛关注队员，进行心理辅导，有效帮助队员调整心态，缓解压力，调整训练内容与节奏，提高赛场应变能力，为最终的对抗赛做准备。

第五章

有 特 长

学习目的和要求

- 了解大学生特长的隐性价值
- 了解大学生特长的养成途径
- 在实践中加强特长培养，提高职业素养

社会化的发展需要各行各业、各个层次的人才，这也需要个性发展的教育，在学生先天禀赋的基础上，培养出有特长的人，从而促进社会的发展。素质教育是十分重视张扬个性的教育，其目的就是要让学生的个性能够得到充分的发挥，特长得到最充分的施展。

本章从我院开展的特色选修课程群为基础，以《晋商魂》歌舞剧产品为特色，探索在优化课程设置、构建系统课程体系以及探索选修课程群效果等方面展开论述。

第一节 艺术修养课程群概述

引例思考

充分发挥自己的特长，做自己最擅长的事
——舒尔茨致儿子的一封信

亲爱的汤姆：

你知道吗？一个人没有能力，将会一事无成，因此，能力是成功的资本。但

第五章 有 特 长

对很多人来说，发现自己的能力即擅长能做什么事，是一个比较困难的问题，因为他们宁可相信别人，也不相信自己。其实，任何时候都不必看轻自己，要相信自己的能力是独一无二的。社会上大多数的人，只会羡慕别人，或者模仿别人做的事，很少有人去认清自己的专长，了解自己的能力，然后锁定目标，全力以赴，因而不能够成大事。这种人只能怪罪自己。

据调查，有28%的人正是因为找到了自己最擅长的职业，才彻底地掌握了自己的命运，并把自己的优势发挥到淋漓尽致的程度。这些人自然都跨越了弱者的门槛，而迈进了成功者之列。相反，有72%的人正是因为不知道自己的"对口职业"，而总是别别扭扭地做着不擅长的事，因此，不能脱颖而出，更谈不上成大事了。实际上世界上大多数人都是平凡人，但大多数平凡人都希望自己成为不平凡的成大事者，使梦想成为真事，才华获得赏识，能力获得肯定，拥有名誉、地位、财富。不过，遗憾的是，真正能做到的人，似乎总是不多。

儿子，如果你用心去观察那些成大事的成功者，几乎都有一个共同的特征：不论聪明才智高低与否，也不论他们从事哪一种行业、担任何种职务，他们都在做自己最擅长的事。

从很多例子中可以发现，一个人的"成就"要来自他对自己擅长的工作专注和投入，无怨无悔地付出努力，才能享受甘美的果实。

一位知名的经济学教授曾经引用三个经济原则做了贴切的比喻。他指出，正如一个国家选择经济发展策略一样，每个人都应该选择自己最擅长的工作，做自己专长的事，才会工作愉快。换句话说，当你在与别人相比时，不必羡慕别人，你自己的专长对你才是最有利的，这就是经济学强调的"比较利益"。这是第一个原则。

第二个是"机会成本"原则。一旦自己做了选择之后，就得放弃其他的选择，两者之间的取舍就反映出这一工作的机会成本，于是你了解到必须全力以赴，增加对工作的认真度。

第三是"效率原则"。工作的成果不在于你工作时间有多长，而是在于成效有多少，附加值有多高，如此，自己的努力才不会白费，才能得到适当的报偿与鼓舞。

境遇是自己开创的，成功乃是自己造就的。你不必看轻自己，你要相信你的能力是独一无二的，你也许正在完成一件了不起的事，有朝一日，你或许真的可以变得"很不平凡"，而成为大家羡慕的成功者。

一个人做自己擅长的事，脚踏实地是获取成功的另一法宝。每个人在年轻的时候都会立志，有的人想当科学家、发明家或者大文豪，个个看起来志向远大，皆为成大事者之梦。年轻人难免都会"崇拜偶像",希望找到学习的典型,但不是每个人都能当科学家、发明家。培养一技之长,一步一步去累积自己的个人能力,才是迈向成大事的成功之路的要素之一。

也就是说,一个人成大事的工作方法在于:该花的心血一定要投入,该有的过程一定要经过。人生充满变数,一个人的成败与否,不单看他的资质,更重要的是看他的毅力。人应该有梦想,否则就失去了奋斗的目标与方向,但成大事者的条件必须日积月累地做好准备。你可以立志做大老板,做大文学家,但绝对不要躺在那里等待。发挥自己的特长,做自己最擅长的事吧,只有这样,才容易成功。

努力吧!儿子,爸爸真心祝福你!

永远爱你的父亲

(舒丹枫、呼志强:《世界名人教子圣经:38位大师写给儿女的67封哲理书信》,石油工业出版社2005年版。)

> 理论提升

一、开展选修课的意义

第一,选修课课程的设置是为了在学生学好本专业课程的前提下,拓展学生兴趣和个性发展,丰富学生专业课和基础课之外的知识积累,培养有一定人文社会科学知识、较高的人文修养、强烈的民族文化精神、较强的理论思维能力、动手能力、创新能力和审美能力的高素质大学生。

第二,选修课的开设既可以弥补必修课程内容的不足,更可以解决教学计划中课程广泛性不足的问题,选修课的开设,有利于拓展学生的知识面,更有利于激发学生的学习积极性和创造性,选修课的开设对于优化学生知识结构,激发学生兴趣爱好,陶冶情操,提高自身适应社会的能力起到了积极的作用。同时开设多种多样的选修课也有利于我校教师提升教学技能,拓宽知识面,提升自身专业技能,有利于形成教学相长的良好发展态势。

第三,在课程设置方面,通过如哲学与人生、数字历史、古代小说鉴赏等人文素质类课程传授人文知识,使学生的人格、品质、修养得到全面提升;通过如手工编织、化妆课程提升学生的动手能力和培养兴趣爱好;通过情绪管理、演讲与口才、英文原声电影赏析等课程来培养学生的语言表达能力、情绪管理能力及文学鉴赏能力。此外,我院还围绕儒家传统文化充实选修课课程设置,如开展传统文化讲座、《弟子规》等知识的学习,开展《晋商魂》舞蹈体验式选修课,体现我院办学特色,实现我院讲诚信、知礼仪、守规矩、强技能、有特长的素质教育标准。

二、选修课课程开展预期效果

第一,实现了学生拓展课外兴趣的目的。素质教学部的选修课自选课开始就注重学生根据自己的兴趣进行选修课选择,从一开始就确保了学生对这门课程的积极性和主动性,因此保障了上课的质量和效率。如艺术类兴趣课使学生在兴趣的基础上进一步加深对艺术的了解,对艺术产生浓厚兴趣,并能够在培养自身爱好的同时增加一项特长;文化历史类课程中的儒家思想与传统文化课程、数字历史等课程从传统文化的角度提升学生的内在修养,使学生重拾儒家传统经典文化的同时,做到知礼仪、守规矩、有内涵的大学生。因此,选修课的开展既保证了学生的学习兴趣,又丰富了学生的学习生活,促进了学生多元化的发展,实现了学生综合素质的提升。

第二,实现了第一课堂与第二课堂的有效对接。针对不同类型的选修课程,学生们根据自己的兴趣创办了相关类型的社团。如选修舞蹈的同学创办了"享美健美操社"和"舞蹈社";选修化妆的同学则负责为学校内的大型活动的演员、《晋商魂》的表演者们进行义务化妆;选修小合唱的同学则创办了"云帆乐动音乐社",开展不同风格的歌唱比赛;选修心理课程的同学则创办了"心灵物语社",努力做到与心灵相约,伴你我同行;选修文化历史类课程的同学则创办了"传统文化学社",致力于传播中华传统文化,拓展学习内容等。综上,同学们通过选修课的学习。一方面培养了自己的兴趣,另一方面将所学的知识学以致用,实现了第一课堂与第二课堂的有效对接。

第三,延续《晋商魂》歌舞剧这一文化品牌。歌舞剧《晋商魂》精心打造具有我校特色的文化品牌,凝聚了我校文化精神,探索了体验式教学模式,培养我校学生艺术修养情操。《晋商魂》的演员全部是由我校师生中产生,其中所有学生演员均是从选修舞蹈选修课的学生中筛选而出的,在学习《晋商魂》舞蹈的过程中,一方面,学生将自己在舞蹈课所学到的知识运用于实践;另一方面,更加深刻地体悟到晋商精神,包括艰苦奋斗、勤劳节俭的创业精神,勇于进取、不断创新的开拓精神,诚实守信的敬业精神以及同舟共济的团队精神等。

> **课堂实训**

一、实训内容

利用 SWOT 分析法，对自我特长进行分析。

二、实训目的

通过 SWOT 分析法进行自我解析后，进一步地了解自身内部的优势与劣势以及外部环境的机会和威胁，并对自己所处的环境有了一个较为清醒的、客观的认识。经过综合考虑自身因素和环境因素，得出可选择的未来发展目标与对策。实现有目标、有计划地进行未来 3~5 年的发展规划，竭尽全力缓解就业压力，提前做好就业准备。

三、实训要求

了解 SWOT（S 是优势，W 是劣势，O 是机会，T 是威胁）分析法。

四、实训总结

（1）了解 SWOT 对自我发展的重要性。
（2）明确未来发展方向。

第二节 大学生特长训练与培养

> **引例思考**

×××同学出生于上海的一个普通工人家庭，爱好体育，从小梦想成为体育明星，2002 年 9 月进入××中学就读。他的父亲是一位工程师，在其父亲的影响下，×××对科普活动和科技制作产生了浓厚的兴趣，并在科技制作方面表现出一定的天赋。在随后的学习中，他积极地参加学校组织的科技活动，多次参加区、市乃至全国的科技比赛，共获得各类奖项 30 余次，2003 年，他的科技作品获得诸多专家的一致好评，夺得"××市青少年科技启明星金奖"，同时被授予"××市少年科学院小院士"称号。

回顾他的成长和学校科技教育的发展，我们认为一位优秀科技特长生的培养主要有以下几点：（1）良好的家庭支持氛围。（2）浓厚的校园科技教育氛围。

（3）耐心细致的个性化指导。（4）科学的训练激发科学的思维。（5）有效地拓宽科技教育的时空。在此基础上，我们努力让学生在科普活动中了解知识产生的过程，学习研究问题的方法，训练解决实际问题的思维能力，同时要在科普活动中改变自己的学习方式，学会与他人合作，体验科学探索的乐趣。总之，科技特长生的培养不是一朝一夕的事情，我们要努力搭建科普平台，打通成长通道，激发学生积极参与各种新事物的探究活动的兴趣，增强克服种种困难的毅力，培养严谨踏实的科学态度，提高科学探究的创新实践能力。

理论提升

一、构建相对丰富的选修课课程体系

（1）文化历史类课程：哲学与人生、数字历史、古代小说鉴赏等课程。建设相关课程，旨在灌输学生儒家文化、祖国历史及当代国情方面知识，培养学生的爱国主义情怀，引导大学生树立正确的人生观和价值观，树立正确的人生方向，走正确的人生之路。

（2）语言文学类与艺术类课程：英文电影赏析、演讲与口才、化妆、小合唱及相关知识的课程，此类课程目的在于陶冶大学生的情操和提高审美情趣，使学生能够提高自己的语言表达能力、鉴赏能力，从而使学生在学习中发现美、欣赏美、追求美和创造美。

（3）职业素养类课程：包括心理健康、情绪管理等方面知识的课程。建设相关课程，旨在培养大学生形成良好的性格和品质，使其拥有健康的心理素质。

（4）综合类体验式课程——《晋商魂》歌舞剧，自2014年9月28日《晋商魂》进行首次演出以来，广受好评，生动地展现了我院"晋商魂、金融道"的特色，该剧从创作到演出历时一年多，从创作、编排到演出，主创人员全部由本校师生担纲。全剧以祁县乔氏家族的兴衰史为蓝本，将晋商发展的百年历史浓缩到18年的剧情跨度中，展现了晋商男主人公乔致庸从白手起家到步入辉煌的创业历程，再现了晋商不畏艰难、诚信义利、开拓创新的精神。该剧的创作和巡演让我院学生在创作和表演的过程中，深刻地理解晋商文化，并将晋商精神融入自己的学习、生活和将来的工作中，该剧已然成为山西金融职业学院的一张亮丽的名片。

二、优化选修课课程建设的措施

（1）优化课程结构。继续丰富选修课课程设置，重视人文素质课程的开设，

增加开设比例,精选已经开设的一些人文素质课程作为学院重点课程,充分利用我校的地域优势,传承和传播晋商文化,将晋商文化渗透到课堂之中。

(2) 加强第一课堂和第二课堂的有机结合。第一课堂是开展好人文素质教育的必修课和选修课。第二课堂是组织开展专题讲座、报告会、社会实践、知识竞赛、文艺会演、课外阅读等丰富多彩的课外活动。通过这些活动,丰富大学生的课余文化生活,陶冶情操,提高人文素养。

(3) 加强教师队伍建设。选派在相关课程领域具有一定建树的具有高级职称的教师担任主讲,鼓励教师进行教学手段和教学方法改革,提倡启发式、讨论式等生动活泼的教学方法,增强人文教育课程的趣味性和吸引力。

(4) 建立科学、规范的考核制度。考核内容的深度、广度要符合课程大纲的要求,考核方法科学合理。

课堂实训

一、实训内容

根据自我特长,每人写一份自我发展规划。

二、实训目的

大学是高校大学生整个人生的重要阶段,只有引导学生,提前做好生涯规划,加强自我定位,认识自我,了解自我,明确自己的方向和人生目标,科学选择适合自己的发展道路,才能使其事业取得成功,因此高校对大学生进行生涯发展规划有着十分重要的指导和现实意义。

三、实训要求

(1) 全面分析自我,结合自我特长,认真完成发展规划。
(2) 字迹工整,内容充实。

四、实训总结

老师浏览每位同学的发展规划,看是否与自身特长相对应,并对其发展规划做出评价。

本 章 小 结

个性特长是指一个人在其生活、实践活动中经常表现出来的、比较稳定的、带有一定倾向性的个体心理特征的总和，指一个人区别于其他人的独特的精神面貌和心理特征，以及特别擅长的技能和特有的工作经验。而素质教育是"以人为本"的教育，要把人的因素放在第一位的位置，要把着力点放在挖掘人的潜力上，发挥人的主体性，即学生学习、劳动、生活的需要，学生学习兴趣、爱好特长及个性发展的需要。

素 质 拓 展

大学生特长互助调查问卷

第1题：你的性别？

A. 男　　　　　B. 女

第2题：请问您所在的年级是？［单选题］

A. 大一　　　B. 大二　　　C. 大三　　　D. 大四

第3题：请问您对大学生是否拥有一门特长的看法……［单选题］

A. 非常必要　　B. 可有可无　　C. 不需要　　D. 其他

第4题：您觉得您有哪方面的特长？［多选题］

A. 乐器　　　　B. 舞蹈　　　　C. 书法　　　　D. 计算机技术

E. 体育　　　　F. 其他

第5题：您一般通过哪些途径来增进您的特长？［单选题］

A. 自学　　　　B. 报辅导班　　C. 同辈学习　　D. 其他

第6题：您对特长互助的认知程度是？［单选题］

A. 完全了解　　　　　　　　B. 知道含义和大概内容

C. 听过，但不知道　　　　　D. 从没听过

第7题：通过对特长互助的认识后，您是否有兴趣？［单选题］

A. 十分感兴趣，很想去尝试　　B. 比较感兴趣，有机会去尝试

C. 有点兴趣，暂时不会去尝试　　D. 还是完全没兴趣

第8题：您愿意接受哪些互助对象？［多选题］

A. 互助网站平台的会员　　　　B. 同学或亲友的朋友

C. 彼此熟悉的网友　　　　　　D. 朋友或亲友

第9题：如果开展学习特长互助（教－学），您希望？［单选题］

A. 一对一　　　B. 一对多　　　C. 多对一　　　D. 多对多

第10题：如果这个大学生特长互助平台采取收费，您的态度是？［单选题］

A. 愿意　　　　B. 不愿意

第11题：哪种收费的模式是你可以接受的？[单选题]
A. 注册时收取基本的会员费
B. 免费注册，使用时收取项目的增值服务费

第12题：选择学习特长互助你比较担心的是？[单选题]
A. 人身财产安全　　　　　　B. 双方诚信问题
C. 权利义务不明确　　　　　D. 其他

第13题：您对建立大学生特长互助网络平台有什么看法？[简答题]

第六章

尊 孝 道

学习目的和要求

- 了解孝道文化的重要性和孝道文化缺失的原因
- 理解孝道文化的基本内容
- 践行孝道基本的价值观,在实践中提高感恩素养

"百善孝为先",中华民族的孝道历史悠久,源远流长。孝道是我国最基本的传统美德和价值观之一,孝为入德之门,德为成事之本。人的优良品德由孝而生,一个要成就大事的人必须具备良好的道德修养,良好的道德修养是由孝道教化来培养的。不教孝,其他的品德便无从教起,孝道对当代大学生高尚道德人格的形成具有十分重要的作用。当代大学生是我国参与未来国际竞争的中坚力量,是中华民族的佼佼者,担负着将来国家发展与建设的重担,是国家与民族的希望和未来,因此,当代大学生的孝道培养具有十分重要的意义。

本章从中国的孝道文化和大学生感恩奉献意识的训练与养成两个方面来展开,从孝道内容的普及、孝道行为的养成、孝道文化意识的缺失等方面来分享孝道基本知识,使学生具备基本的孝道价值观,践行中华民族优秀传统品德。

第一节 中国的孝道文化

引例思考

子路借米孝敬父母

中国有句古语"百善孝为先"。意思是说孝敬父母是各种美德中占第一位的。

一个人如果不知道孝敬父母就很难想象他会热爱祖国和人民。古人说"老吾老以及人之老，幼吾幼以及人之幼"。我们不仅要孝敬自己的父母，还应该尊敬别的老人，爱护年幼的孩子，在全社会形成尊老爱幼的淳厚民风，这是我们新时代学生的责任。

子路，春秋末鲁国人，他在孔子的弟子中以政事著称，以勇敢闻名。但子路小的时候家里很穷，长年靠吃粗粮野菜等度日。有一次年老的父母想吃米饭，可是家里一点米也没有，子路想到要是翻过几道山到亲戚家借点米不就可以满足父母的这点要求了吗？

于是小小的子路翻山越岭走了十几里路从亲戚家背回了一小袋米，看到父母吃上了香喷喷的米饭，子路忘记了疲劳。邻居们都夸子路是一个孝顺的好孩子。

（选自《二十四孝》）

理论提升

孝与感恩是中华民族传统美德的基本元素，是中国人品德形成的基础。我国孝道文化包括敬养父母、生育后代、推恩及人、忠孝两全、缅怀先祖等，是一个由个体到整体，修身、齐家、治国、平天下的延展攀高的多元文化体系。

人间有三大真情：亲情、友情、爱情。如今，亲情缺认、友情缺位、爱情缺真的现象屡见不鲜。特别是在亲情方面出现的"六亲不认"的不孝与不感恩现象导致的问题，影响了人际和谐、家庭和谐、社会和谐建设的进程与质量。孝与感恩是中华民族最基本的传统美德，是中国人传统美德形成的基础，是政治道德、社会公德、职业道德、家庭美德、个人品德建设的基本元素，也是当今政治文明、经济文明、精神文明建设不可忽视的精神支柱和精神力量。所以，给予我国孝道文化以科学和现代的诠释，对当下公民教育大有裨益。

一、孝道，我国传统文化的核心价值观

孝道是中国传统社会十分重要的道德规范，也是中华民族尊奉的传统美德。在中国传统道德规范中，孝道具有特殊的地位和作用，已经成为中国传统文化的优良传统。

舜是中国古代有名的讲究孝道的君主。中国传统文化是以孝敬父母为核心的孝道文化。周代将孝道作为人的基本品德。当时提出的"三德"，成为社会道德教化的核心内容。春秋时期强化礼教。《左传》中有"六顺"。孔子继承了商周的伦理思想，创建了独特的以仁为核心的儒家伦理道德体系。孟子发展孔子思想。朱熹是后汉儒家思想的集大成者。

综上可见，孝道贯百代，上下五千年。孝道已成为中华民族繁衍生息、百代相传的优良传统与核心价值观。

二、孝道文化，社会文明的力量

孝，狭义说就是善事父母；广义说，就是孔子在《孝经·开宗明义章》中讲的"始于事亲，中于事君，终于立身"。感恩，狭义说就是感激父母；广义说，就是感激自然，感激社会，感激祖国，感激所有帮过自己的人。孝与感恩是以孝敬父母为本的孝道文化的基本元素。孝是感恩的前提与基础，是人内在的品质，属于魂，感恩是孝的体现，是人外在的品行，属于形。孝与感恩是思想，是态度，是文化，是行为，是素养，是文明。不孝，便不知感恩，不知感恩，便是不孝。孝是人性，孝是根本，孝是至德。

（一）敬养父母

这是对双亲而言。敬养父母双亲是人类的天性。孔子在《孝经》中讲道："父子之道，天性也。"意思是说，父母培养教育子女，子女奉养父母，这是人类的一种天性。又说："孝子之事亲也，居则致其敬，养则致其乐，病则致其忧，丧则致其哀，祭则致其严，五者备矣，然后能事亲。"

（二）孝敬不等于盲从

孔子在《孝经·谏诤章》中说："父有争子，则身不陷于不义。故当不义，则子不可以不争于父；臣不可以不争于君。"孔子态度十分鲜明，他反对一味盲从，反对愚忠愚孝。主张做父亲的若有能谏诤的儿子，就不会陷于不义的行为之中，做儿子的若看到父亲有不义的行为，就应该直言相劝；对父母有意见，有礼貌地提出，不应和父母吵架耍态度。为人臣子的若看到君王有不义的行为，就应该进言劝止。这些都体现了孔子的辩证思想和民主思想。

（三）生育后代

这是对后人而言。人类生命是一个链条，民族兴衰关键在后代。生育后代既是生命延续与民族繁衍的需要，也是承继孝道文化的责任与义务。生育后代，提高后代的质量，在当代绝不是个人一家的行为，而是培养社会主义事业接班人和建设者，强我、壮我中华民族之后的需要。

（四）推恩及人

这是对他人而言。孝道分养亲、敬亲、尊亲三个层次外，还强调"推恩"。孟子在《孟子·梁惠王上》中讲："古之人所以大过人者，无他焉，善推其所为而已矣。"他又说："老吾老以及人之老，幼吾幼以及人之幼。"其意思就是在人与人相处中，应当推己及人，推恩及人，使孝道得以升华。把孝亲敬老的美德推广到同学、师长及社会每个成员，既尊敬热爱自己的父母长辈，也兼及他人的父母长辈，使全社会人与人之间都能够互尊互爱，和谐相处。

中华人民共和国成立以后，进一步继承发扬了"孝敬父母"的传统美德，我国的宪法中不仅将赡养父母列为儿女的义务，而且在公共福利事业中，建立、发展、壮大了社会主义的敬老事业，形成了良好的、健康的社会道德环境。

（五）忠孝两全

这是对国家而言。孝忠相通，孝始忠结。把对父母的孝心转化为对国家的忠心，把对家的责任感转移到对国的责任感，这是儒家孝道观的一大特点。自古忠臣多出于孝子，尽孝与尽忠是相辅相成的，孝与忠有着内在联系和共同本质的"两位一体"。小家与大家本质相通。

（六）缅怀先祖

这是对亡者而言，就是"无念尔祖，聿修厥德"，意思是始终不忘思念先祖，继承遗志，将他们的功德修养发扬光大。父母在，能够一直孝敬，父母去世后，则慎行其身，不给父母带来恶名；同时既擅自珍摄，保全自己，又能立身行道，扬名于后世，以显父母英名，这都是始终在尽孝道。如清明节上坟扫墓等祭奠的活动，是生者对死者寄托的哀思与缅怀，也是中国孝道文化的内涵与礼数。

总之，在中国传统社会中，儒家把孝与感恩视为"人伦之公理"，将它作为维护社会伦理关系和政治统治的重要手段，并且把孝与感恩和"忠君""爱国"相联系，以"孝"为"修身、齐家、治国、平天下"的出发点，使孝与感恩这种调节亲子关系的道德规范扩展为具有社会普遍意义的行为准则，成为社会教化的基本内容。

三、学习感恩教育，传承孝道文化

孝与感恩是中华民族传统美德。自古就有"谁言寸草心，报得三春晖""滴水之恩，当涌泉相报"的经典名句。孝敬父母是子女的伦理规范与道德责任，是做人的修养与觉悟。新的历史条件下，与时俱进地开展感恩教育是对孝道文化最好的继承。

大力提倡亲情教育。感恩是人类社会最朴实的情感表达，是社会道德和社会和谐的基本要求。知父母恩是尊敬父母的前提。提倡诵读如《论语》《孝经》《礼记》《弟子规》等经典，使人们特别是未成年人从传统文化典籍中汲取思想养分，懂得孝敬和感恩父母。

孝与感恩文化建设，要齐抓共管。学校要结合校园文化开展活动，单位要结合职业道德实际创建有效的运行模式，社区要提高执行能力，建立保障机制，各种媒体应当理直气壮地宣传以孝敬父母为核心的孝道文化，使知恩、感恩、报恩形成主体主流的舆论共识，共创和谐社会。

▶ **案例**

吴若安是中国近现代爱国教育家，历任上海市民立女子中学校长、上海市教育局副局长、上海教联主席、上海校长互助会主席等。她在担任民立女子中学校长期间，团结全校师生，励精图治，使之进入了全国先进学校行列。即使是晚年，她亦经常深入学校指导工作，继续关心教育事业。

20世纪80年代，小女孩杨小霞还在上海的一个不知名的小学上学时，有一位老太太——吴若安经常会在学校里转悠，她头发花白，却温馨可爱，有着一双永远笑眯眯的眼睛。开始时，杨小霞和同学还感觉不到这位老太太的分量，直到有一天，数学老师因病请假，吴若安便主动向校方要求义务补这个空当。

这天，数学小测验的卷子发下来后，杨小霞竟然得了满分，但她仔细看了看卷子才发现，其实她做错了一道题，而且吴若安也在旁边扣了1分。

这是一道连线题，左边是"一车土、一块砖、一张纸"，右边是"1吨、2公斤、3克"。杨小霞在"一块砖"和"3克"之间画了道线。而老师也在旁边扣了1分，可是为什么会是满分呢？

杨小霞再翻看了一下，发现吴若安在最后一道题的"一段话"中给她加了1分。

原来，为了培养学生的语言表达能力，老师们通常会要求学生们在试卷上写一段80字左右的话。这段话本来是不算分的。

杨小霞的"一段话"是这样写的：我爸爸是个挑砖工。我希望所有的楼都能装上电梯，我希望砖头不要太重，有3克就够了，我爸爸太累了，我爸爸太辛苦了，我爱我爸爸！

吴若安用红笔在旁边加了1分，还写了一句话：爱心加1分，你得了满分，祝贺你！爱心满分，祝你永远快乐，我的孩子！

杨小霞看着卷子上的话，开心极了。

这时，吴若安出现在讲台上，说道："孩子们，这次小测验你们做得都很不错，尤其是老师要求你们写的那段话，其中有一位同学的话给我的印象很深，你们想知道是什么话吗？"

学生们一个个凝神倾听。

吴若安念道："……我希望砖头不要太重，有3克就够了……"

杨小霞的心开始怦怦直跳！

吴若安念完了，看着一言不发的学生们，说："孩子们，你们知道为什么我会因为这段话给这个学生加1分吗？"

"因为爱。"有学生轻声答。

"说得对。"吴若安微笑着说："孩子们，请你们想一想，是谁给了你们生命，是谁把你们从无到有，养成了现在的小伙儿或小姑娘？在这十几年的时间中，是谁时刻在为你们的进步而微笑？是谁为你们的病痛而流泪？是谁为你们的晚归而担心？是谁为你们的衣食而操劳……"

学生们一个个都受到了感染，不知是谁说了句："吴老师，这段话是谁写的啊？"

吴若安说："杨小霞，到前边来，对大家说说你的爸爸……"

杨小霞站到讲台上，流着眼泪开始讲述起自己的父亲。

之后，吴若安又问："孩子们，你们还有谁愿意上来给大家介绍一下自己的爸爸或妈妈？"

学生们一个个抢着举手。

刘小飞站了起来，说："我的爸爸妈妈最疼我了，去年我参加冬令营，在外地住了一宿，回来后发现爸妈的眼圈都黑了，不用说我也知道，他们一夜没睡。"

张丽说："我的妈妈是一个护士，她总是很忙很忙，因为医院有很多病人，我希望病人们能快点好起来，这样妈妈就可以休息一下了……"

男生钟放放亦满脸通红地说道："我对不起我爸爸。我以前总是埋怨他不给我买玩具和新衣服，或者带我上冰场溜冰。最重要的是每次家长会时，他仍然穿着很破旧的T恤衫——我一直认为他对我不够关心，给我丢尽了脸。甚至很长一段时间里，我都怀疑他不是我的亲生父亲。但是，现在想起来，是我错了。父亲是爱我的，他废寝忘食地工作，节衣缩食地生活，为的只是养育我，让我好好读书。他之所以穿得破旧，是因为我花光了他的钱，他实在没有多余的钱给自己买新衣服。"

吴若安一直仔细地注视并倾听着全班学生。最后，她说了一句让学生们终身铭记的话："孩子们，记住，爱自己的父母才能得到真正的满分。"

爱心本无价，吴若安破例给了杨小霞满分，是为了奖励杨小霞对父亲的那份"爱心"！而这个特别的满分，却让所有的学生都加深了对父母的爱！甚至推及他人，相信必然会影响他们的一生。

伟大的教师之所以伟大，在于她只是运用了那些极微小的细节，便改变了学生们生命的色彩！

（张利：《没有不上进的学生：名师激励智慧》，九州出版社2006年版）

课堂实训

一、实训内容

观看"感恩教育"系列短剧,开展"感恩教育"主题班会。

二、实训要求

推进学校学生思想道德教育,加强学生的感恩教育,全面提高学生整体素质,引导广大学生树立健康的人格,全面促成优良校风的形成,营造感恩生活的良好氛围。

三、实训总结

让学生对感恩有所了解,从而彰显感恩之情。

第二节 大学生感恩奉献意识的训练与养成

引例思考

湖北 5 名贫困大学生受助不感恩被取消资格

荆楚网消息(楚天都市报)(记者李剑军 通讯员周华玲、姚武)受助一年多没有主动给资助者打过一次电话、写过一封感谢信,更没有一句感谢的话,襄樊 5 名受助大学生的冷漠逐渐让资助者寒心。

2012 年 8 月中旬,襄阳市总工会、市女企业家协会联合举行的第九次"金秋助学"活动中,主办方宣布 5 名贫困大学生被取消继续受助的资格。

去年 8 月,襄樊市总工会与该市女企业家协会联合开展"金秋助学"活动,19 位女企业家与 22 名贫困大学生结成帮扶对子承诺 4 年内每人每年资助 1000~3000 元不等。入学前该市总工会给每名受助大学生及其家长发了一封信,希望他们抽空给资助者写封信汇报一下学习生活情况。

但一年多来,部分受助大学生的表现令人失望,其中 2/3 的人未给资助者写信。有一名男生倒是给资助者写过一封短信,但信中只是一个劲儿地强调其家庭如何困难,希望资助者再次慷慨解囊,通篇连个"谢谢"都没说,让资助者心里很不是滋味。

今夏该市总工会再次组织女企业家们捐赠时,部分女企业家表示"不愿再资助无情贫困生",结果22名贫困大学生中只有17人再度获得资助,共获善款4.5万元。

多年来为资助贫困生东奔西走、劳神费力的襄樊市总工会副主席周萍为此十分尴尬。她感觉部分贫困生心理上"极度自尊又极度自卑",缺乏一种正确对待他人和社会的"阳光心态",有的学生竟以为"成绩好获资助是理所当然的",缺乏起码的感恩之心。

古人说滴水之恩须当涌泉相报。感恩是我们民族的优良传统,也是一个正直的人的起码品德。事实上我们也非常需要感恩,因为父母对我们有养育之恩,老师对我们有教育之恩,领导对我们有知遇之恩,同事对我们有协助之恩,社会对我们有关爱之恩,军队对我们有保卫之恩,祖国对我们有呵护之恩……赠人玫瑰,手有余香。一个经常怀着感恩之心的人心地坦荡,胸怀宽阔,会自觉自愿地给人以帮助。而那些不会感恩的人会给社会带来不好的影响。

理论提升

感恩是一种处世哲学,是生活中的大智慧。人生在世,不可能一帆风顺,种种失败、无奈都需要我们勇敢地面对、豁达地处理。这时,是一味地埋怨生活,从此变得消沉、萎靡不振?还是对生活满怀感恩,跌倒了再爬起来?感恩不纯粹是一种心理安慰,也不是对现实的逃避,更不是阿Q的精神胜利法。感恩,是一种生活方式,它来自对社会的爱与希望。

一、当前大学生感恩教育现状

感恩是中华民族的传统美德。在我国传统的伦理观念中特别注重知恩图报、礼尚往来,"鸦有反哺之义,羊有跪乳之恩",人们对于忘恩负义、恩将仇报之人都是深恶痛绝的。"感恩教育"是一个既熟悉又陌生的话题,在当今的现实生活中,存在大学生"感恩"意识缺失的例子。

(一)部分大学生感恩意识淡薄化

现在有部分大学生享受了太多的爱与给予,他们往往个性鲜明,具有独立的思维,生活养尊处优,以自我为中心,过度的宠爱使他们中的一些人从小就养成了不良的性格和行为习惯。而在这样一种成长环境下,造成了部分学生感恩意识弱化,集体主义意识相对淡薄。

(二)部分高校大学生感恩教育实效差

1. 感恩教育的本质把握的不准确

部分高校思想政治理论课程中没有设置专门的感恩教育课程,教学中涉及的感恩教育内容又缺乏现实性，未贴近学生生活实际，知行脱节，缺乏科学性，忽视人文教育，缺乏终极关怀，没有把社会道德要求转化为个人的道德信念。

2. 感恩教育拘泥于形式，缺乏长效性

德育目标是德育的首要问题。因此，感恩教育目标也成为高校感恩教育中的首要问题。但是我国"两课"教育体系中几乎没有设立专门的感恩教育课程；教育方式沿袭了高校德育传统的单向传授为主，注重教师的灌输和讲解，不够重视学生的参与和双向交流；教育过程基本上是教师讲授感恩知识或感恩故事，学生在下面单向地听，这种教学方法，忽视了学生的潜在能动作用，忽略了学生的接受心理，不利于调动学生的积极性、主动性。

3. 感恩教育的目标不明确，内容不具体，缺乏系统性

感恩教育必须贴近生活，感恩教育来源于生活，理应回归生活。高校开展感恩教育要研究方式、方法，不仅要停留在课堂上，应结合学生的思想政治教育、日常管理和服务等工作来进行，以生活为导向，从生活方面的问题入手，顺应道德形成的知、情、意、行发展的客观规律，多形式、多层次地开展感恩教育。

（三）大学生感恩教育理论成果零散化

（1）感恩教育理论研究不够深入、全面，没有形成系统的理论。

（2）研究大学生感恩意识缺失的多，具体研究感恩教育问题的少。

（3）对大学生感恩教育实践研究还不够系统。只局限在具体教育的途径和方法上，没有把理论体系化，没有理论和实践相结合，还没有在各高校形成普遍的感恩教育。

综上所见，当前缺乏对高校感恩教育的系统研究，感恩教育理论成果零散化，今天的大学生，明天要承担国家现代化建设的重任，他们的感恩意识和行为不仅关系到他们能否成才，也影响到整个社会的发展方向，现在感恩教育这一高校德育重要内容还没有引起足够的重视，缺乏系统研究，高校感恩教育距全面、系统、规范还有相当的距离。

（四）大学生感恩教育评价体系贫乏化

目前许多高校都缺少对大学生感恩的考核评价体系，高校侧重于以科研成果和论文发表的数量作为衡量的标尺，这也就导致了从事道德教育的教师不但数量少，而且得不到应有的重视。因而，他们不可能对感恩教育进行理性的分析，不能开展不同层次的感恩教育，也不能把感恩教育与爱的教育相联系起来，让学生树立牢固的感恩观念。在多数高校的感恩教育中，没有形成一套考核学生感恩意识与行为的道德标准考核评价体系，不能很好地记录、考核学生的感恩教育状况，也不能根据学生的道德修养与思想素质状况及时实施感恩教育。

二、培养大学生感恩奉献意识

在以往道德教育的具体实施过程中，由于种种因素的干扰，我们有意无意地忽视和弱化了"感恩教育"，使"感恩"没有成为众多青少年自觉自愿的行动。正因如此，加强大学生的道德教育有必要补上"感恩教育"这一课。

感恩教育是教育者运用一定的教育手段与方法，对受教育者有目的、有步骤地实施识恩、知恩、感恩、报恩以至于施恩的人文教育。它是一种"以情动情的情感教育""以德报德的道德教育""以人性唤起人性的人性教育"。感恩教育能促使大学生思考问题，体谅父母的辛苦和他人的善意，体会社会的恩惠，增强人情味和社会责任感。那么，如何在大学生中以活动为载体，让他们从活动中体验感恩、实践感恩、学会感恩，并逐步培养社会责任感呢？通过开展活动，要让学生懂得自己所享受的精神产品和物质产品都来自他人的创造，明白在成长过程中，有许许多多人为他们付出。他们应该感谢这个世界，感谢父母、老师、同学，感谢爱着他们的亲人和朋友。在个人成功的背后是国家、社会坚强的支撑，自己将来要懂得报效祖国，无愧于社会。

▶ **案例**

小孩的心

有一位单身女子刚搬了家，她发现隔壁住了一户穷人家：一个寡妇与两个小孩子。有天晚上，那一带忽然停了电，那位女子只好自己点起了蜡烛。没一会儿，忽然听到有人敲门。原来是隔壁邻居的小孩子，只见他紧张地问："阿姨请问你家有蜡烛吗？"女子心想："他们家竟穷到连蜡烛都没有吗？千万别借他们，免得被他们依赖了。"

于是对孩子吼了一声说："没有。"正当她准备关上门时，那穷小孩展开关爱的笑容说："我就知道你家一定没有！"说完从怀里拿出两根蜡烛说："妈妈和我怕你一个人住又没有蜡烛，所以我带两根来送给你。"

此刻女子自责、感动得热泪盈眶，将那个小孩子紧紧地拥抱在怀里。

课堂实训

一、实训内容

感激老师的培育之恩。

二、实训要求

（1）见到老师，要使用尊敬老师的文明用语。

（2）举行"师恩难忘师情永存"征文活动。

（3）开展向老师献真情活动，自选"四个一"（给老师写一封信、与老师谈一次心、向老师提一个建议、向老师表一个决心）来表达对老师的感激之情。

三、实训总结

教师总结、评价，并根据演练情况总结实训效果。

本章小结

感恩是积极向上的思考和谦卑的态度，它是自发性的行为。当一个人懂得感恩时，便会将感恩化做一种充满爱意的行动实践于生活中。一颗感恩的心就是一个和平的种子。因为感恩不是简单的报恩，它是一种责任、自立、自尊和追求一种阳光人生的精神境界。感恩是一种处世哲学、感恩是一种生活智慧、感恩更是学会做人成就阳光人生的支点。从成长的角度来看，心理学家们普遍认同这样一个规律：心改变态度就跟着改变，态度改变习惯就跟着改变，习惯改变性格就跟着改变，性格改变人生就跟着改变。愿感恩的心改变我们的态度，愿诚恳的态度带动我们的习惯，愿良好的习惯升华我们的性格，愿健康的性格收获我们美丽的人生。

素质拓展训练

一、活动内容

感激父母的养育之恩。

（1）开展"为父母节约一分钱、一粒米"活动，在大学生中大力倡导节约之风，杜绝浪费、攀比现象发生。

（2）以班级为单位，组织学生给父母写一封家书，向父母汇报学习和生活近况，表达对父母及家人的感激之情，家书由辅导员老师统一邮寄给家长。

（3）暑假实践爱心家庭作业：送父母一句温馨的祝福；给父母捶一捶背、打一盆水、洗一洗脚；每天写一段感恩话语，记录自己每天为家里做家务事的情况，以细小行为感激父母养育之恩。

二、活动目的

（一）循循善诱，引导大学生学会感知他人对自己的帮助

处于成长阶段的大学生，尤其是部分独生子女身上存在的自我中心意识，使他们很容易形成"成皆由我，败皆由人"的思维习惯，总是过高地估计自己的努力，而看不到别人的付出。因此，要有意识地逐步引导大学生用辩证的方法多角度地分析问题，在看到自己努力的同时，也要看到他人对自己的帮助，养成谦虚进取的心态，由此知道感恩、学会感恩。

（二）培养大学生的权责意识

当外来的帮助和关怀成为习惯时，人便容易变得漠然。在日常生活中，师长们更多的只是履行了自己的"责"，而没有意识到自己在师生关系、长幼关系中理应享有的"权"，即忽略了孩子的责任和义务。由此，孩子因没有付出的体验，久而久之，老师、父母的付出在孩子眼里就会变得理所当然了。长此以往，又何谈对师长的体谅和感恩呢？因此，要培养孩子正确的权责观。师长在付出努力的同时，要有意识地让大学生看到和感觉到，让他们理解师长的艰辛与付出，进而要求他们也要尽相应的责任和义务，逐步让他们在享受拥有的同时懂得回报，养成感恩的心态和习惯。

（三）培养大学生养成广阔胸怀

心胸狭窄、名利心和功利心强的人，喜欢从小处着眼、斤斤计较，难以包容他人。所以感恩教育必须要进行以宽容和悦纳他人、欣赏他人为主要内容的胸怀教育。只有胸怀广阔的人，才能"不念旧恶""犯而不较"，做到"君子和而不同"，更多地看到别人的优点和长处，更多地记住人与人之间至真至诚的醇美，才能对他人、对社会长存感恩之情，做到既能以德报德，又能以德报怨。

（四）引导大学生感受关爱、学会关爱

人与人之间的帮助和关爱不仅表现在语言上，也更多地表现在人们不经意的动作中，反映在人们的一举手、一投足、一言一颦之中。一句轻轻的问候，会让我们倍感温暖；一个鼓励的眼神，会让我们力量顿增；拍拍肩膀，会让我们的顾虑和委屈烟消云散，而这一切，都需要我们去发现、去感受。因此，我们要引导学生发现关爱、感受关爱，进而由己及人，学会去关爱别人，回馈他人和社会。

下篇

职业伦理与职业行为规范

第七章

职业伦理

学习目的和要求

- 了解伦理和道德的含义
- 领会职业和职业伦理的概念
- 领会职业道德的基础知识，从总体上把握道德与职业道德的内在联系

职业伦理学是关于职业道德的一门学科，是研究职业领域出现的全部道德现象，揭示职业活动过程中人类和谐相处、和谐发展所应遵循的道德原理和行为规范的学说。

职业伦理学可分为两大类：一类从整体上探讨职业道德的本质与发展的规律，阐明职业道德的规范和原则，它适用于各种职业；另一类着重具体地研究某种职业道德的规范体系，使之带有职业的特性。

职业伦理学同职业道德的关系十分密切。它通过对职业道德的研究，以培养就业者具有职业道德品质和职业道德能力。我们每一位从业人员都要继承和弘扬优良道德传统，践行职业道德规范，做一个知荣辱、讲道德，牢固树立社会主义荣辱观的人。

第一节 职业与职业伦理

职场思考

阅读以下情景，结合自己的实际，用心做出"同意""有点同意/有点不同意"、"不同意"的选择（最终答案无须分享）。

（1）不拿公司财物，即使是一只水笔、一张信封；

（2）在规定的休息时间之后，会立即赶回工作场所；

（3）看到别人违反规定，会想办法让其反省，并告知相应部门；

（4）凡与职务有关的事情，会注意保密；

（5）不到下班时间，不会擅自离开工作岗位；

（6）不会做有损于公司名誉的行为，即使这种行为并不违反规定；

（7）自己有对本公司有利的意见或办法，都会提出来，不管自己是否得到相应的报酬；

（8）不泄露对竞争者有利信息；

（9）注意自己和同事的健康；

（10）能接受更繁重的任务和重大的责任；

（11）在工作以外，不做有损于公司名誉的事情；

（12）在促进商业利益的团体和场合中，会显得积极；

（13）为了完成工作，在工作时间以外，会自觉加班加点；

（14）为了保证工作绩效，会做到劳逸结合；

（15）保证自己的家庭成员也采取有利于公司的行动。

评估标准与结果分析：

（1）有四个及以上不同意选项的，显示职业道德和敬业程度低；

（2）有两三个不同意选项的，显示职业道德和敬业程度中等；

（3）有一个不同意选项的，显示职业道德和敬业程度上等；

（4）没有不同意选项的，显示职业道德和敬业程度卓越。

理论提升

一、职业的含义

（一）职业是一种谋生手段，是人们获得主要生活来源的社会劳动

对于芸芸众生来说，职业就是"生计"，是果腹御寒、支撑家庭的手段，它的基本内容就是赚钱，因为只有从事职业活动，才能消除人们生活中产生的恐惧感，获得人生的安全感。因此，可以说职业活动是人们满足各种物质、文化生活需要的基本手段。人们从事职业活动，获得现金或实物等经济上合理的报酬，并以此作为生活的来源，是天经地义的事。

（二）职业是一种社会角色，是一种义务和责任

从事一定的职业就是扮演一定的社会角色，就必须承担与这一社会角色相应

的职责，就必须凭己所能。履行角色所赋予的社会义务，才能获得相应的报酬。因此，从社会角色看，职业人又是"社会人"，必须履行其责任和义务，有效地增加社会财富，才能获得自我生存发展的经济来源和社会舞台。

（三）职业是人们自我实现的机会

人们在工作中发展个性和才能，达到自我实现的目的。职业如果仅仅是一种角色、义务和责任，它就失去了人的主体活动的目的性。所有的生物，只要降生于世，发展其生命就是它的意义所在。对于一个人来说，发掘其潜能、展现其才华、贡献其心智、实现自我价值是生命的渴望和意义所在；成功的职业生活不只是获得多少报酬，或是否尽到岗位责任，而是意味着在参与社会职业生活中，在多大程度上将自己的能力、才华和创造力发挥出来，促进社会的进步和发展。因此，职业活动就成了人们贡献才能，创造社会财富，赢得社会肯定、尊重、荣誉、声望，实现自我价值的过程。

职业的特征及要素如图7－1所示。

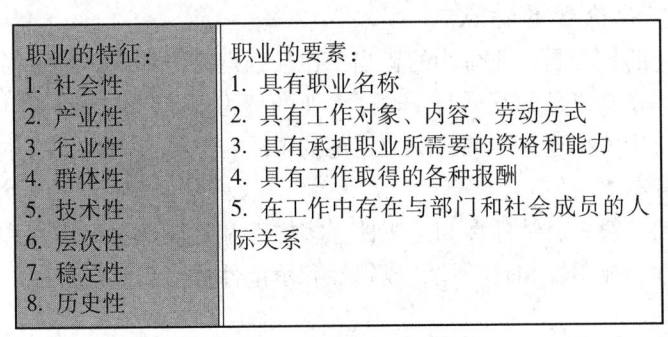

职业的特征：	职业的要素：
1. 社会性 2. 产业性 3. 行业性 4. 群体性 5. 技术性 6. 层次性 7. 稳定性 8. 历史性	1. 具有职业名称 2. 具有工作对象、内容、劳动方式 3. 具有承担职业所需要的资格和能力 4. 具有工作取得的各种报酬 5. 在工作中存在与部门和社会成员的人际关系

图7－1　职业的特征及要素

我国职业的分类如图7－2所示。

☆我国职业归为8个大类，66个中类，413个小类，共1838个职业。
1. 国家机关、党群组织、企业、事业单位负责人
2. 专业技术人员
3. 办事人员和有关人员
4. 商业、服务业人员
5. 农、林、牧、渔、水利业生产人员
6. 生产、运输设备操作人员及有关人员
7. 军人
8. 不便分类的其他从业人员

图7－2　我国职业的分类

二、职业伦理释义

（一）伦理的含义

"伦"是指人、群体、社会、自然之间的利益关系，包括人与他人的关系、人与群体的关系、人与社会的关系、人与自然的关系、群体与群体的关系、群体与自然的关系、社会与社会的关系、社会与自然的关系等。"理"即道理、规则和原则。"伦理"就是指处理人、群体、社会、自然之间利益关系的行为规范。

（二）职业伦理的含义

职业伦理是伦理在职业关系、职业活动中的具体体现，是职业集团或者行业、职业人在职业领域、职业活动中所形成的道德关系与调节这种道德关系的行为规范，以及职业集团、行业和职业人由于内化伦理规范而形成的伦理风格，也就是在职业活动中应有的关系、要求和理由。

（三）职业伦理的特点

职业伦理的核心是职业行为的正当，比较强调某专业团体的成员彼此之间或社会其他团体及其成员的互动时，遵守专业的行为规范，借以维持并发展彼此的关系，一般与价值相连，强调对职业道德的本质与立场进行质询，强调客观、外在于社会的意志。

职业伦理一般具有特殊性和适用性、多样性和具体性、稳定性和连续性、继承性和发展性、强制性和自觉性、成熟性和示范性等诸多特点。

课堂实训

参考如下提供的语言和行为用语，以小组为单位自创情景剧进行展示。

日常语言伦理——面对不同的环境和不同的人，说符合职业情理的话：

（1）遵于职守，维护公司的利益。

（2）时刻记得你是公司的一员，与公司同进退，一荣俱荣，一损俱损。

（3）静坐常思己过，闲谈莫论人非。

（4）严守职位的本分，在什么职位，做什么主，说什么话。

（5）多用礼貌用语，提升人际关系的和谐度。

日常礼貌用语如图 7-3 所示。

第七章 职业伦理

敬重语	礼貌语
您好	请稍后
早安/午安/晚安	劳驾
欢迎光临/谢谢光临	麻烦您了
请	对不起/让您久等了
谢谢	招待不周
对不起	请见谅
再见	打扰了

图7-3 日常礼貌用语

金字塔敬语如图7-4所示。

请
谢谢
对不起
不用客气
太麻烦您了
需要我帮忙吗
这是我应该做的
我来为您详细解说
希望下次再为您服务

图7-4 金字塔敬语

日常行为伦理——面对不同的环境和不同的人,分清职位顺序,做符合职业情理的事。

(1) 尊重领导服从上级。
(2) 见到领导、同事要主动点头、微笑,以示问好。
(3) 与领导、同事间打招呼要多用尊称,可称呼行政职务或技术职称,忌直呼其名或称呼其副职。
(4) 公司同事之间要相处融洽,礼貌亲切待人。
(5) 工作中多向直属上级汇报,忌越级上报。
(6) 领导询问工作时要起身以示尊重,待领导询问完离身后方可坐下。

（7）工作中与领导同事沟通时，进入房间前要敲门示意，得到允许后方可进入。

（8）使用电梯时先出后进，主动用手挡门方便进出，进出时根据职位高低、年龄大小次序先行。

第二节　职业道德

职场思考

汤姆是一家网络公司技术总监。由于公司改变发展方向，他觉得这家公司不再适合自己，决定换一份工作。以汤姆的资历和在IT业的影响，还有原公司的实力，找份工作并不是件困难的事情。有很多家企业早就盯上他了，他们以前曾试图挖走汤姆，都没成功。这一次，是汤姆自己想离开。真是一次绝佳的机会。

很多公司都抛出了令人心动的条件，但是在优厚条件的背后总是隐藏着一些东西。汤姆知道这是为什么，但是他不能因为优厚的条件就背弃自己一贯的原则。汤姆拒绝了很多家公司对他的邀请。最终，他决定到一家大型的企业去应聘技术总监，这家企业在全美乃至世界都有相当的影响，很多IT业人士都希望能到这家公司来工作。

对汤姆进行面试的是该企业的人力资源部主管和负责技术方面工作的副总裁。对汤姆的专业能力他们没有挑剔。但是他们提到了一个使汤姆很失望的问题。

"我们很欢迎你到我们公司来工作，你的能力和资历都非常不错。我听说你以前所在公司正在着手开发一个新的适用于大型企业的财务应用软件，据说你提了很多非常有价值的建议，我们公司也在策划这方面的工作，能否透露一些你原来公司的情况，你知道这对我们很重要，而且这也是我们为什么看中你的一个原因。请原谅我说得这么坦白。"副总裁说。

"你们问我的这个问题很令我失望，看来市场竞争的确需要一些非正常的手段。不过，我也要令你们失望了。对不起，我有义务忠诚于我的企业，即使我已经离开，到任何时候我都必须这么做。与获得一份工作相比，信守忠诚对我而言更重要。"汤姆说完就走了。汤姆的朋友都替他惋惜。因为能到这家企业工作是很多人的梦想。但汤姆并没有因此而觉得可惜。他为自己所做的一切感到坦然。没过几天，汤姆收到了来自这家公司的一封信。信上写着："你被录用了，不仅仅因为你的专业能力，还有你的忠诚。"其实，这家公司在选择人才的时候，一直很看重一个人是否忠诚。他们相信,一个能对自己原来公司忠诚的人,也可以对自己新的公司忠诚。这次面试,很多人没有通过,就是因为,他们为了获得这份工作而对原来的企业丧失了最起码的忠诚。这些人中,不乏优秀的专业人才,但是这家公司的人力资源部主管认为,如果一个人不能忠诚自己原来的企业,人们很难相信他会忠诚于别的企业。

分析:一个人能力再强,如果缺乏职业道德,也往往会被人拒之门外。取得成果的因素最重要的不是一个人的能力,而是他优良的道德品质。一个人的忠诚不仅不会让他失去机会,相反会让他赢得机会。除此之外,他还能赢得别人对他的尊敬和敬佩。员工的忠诚和责任,有时胜过他们的智慧。

理论提升

一、伦理和道德

"道"的本来含义是道路,引申为原则、规范、规律。"德"是指人们内心的情感和信念,指人们坚持行为准则的"道"所形成的品质或境界。"道德"是对某种规范的认识、情感、意志、信仰以及在此基础上形成的稳定的和一贯的行为。

"伦理"和"道德"是伦理学或道德哲学中的两个核心概念,其基本意义相似,都是指通过一定原则和规范的治理、协调,使社会生活和人际关系符合一定的准则和秩序。它们一般并不做很严格的区分,经常可以互换使用,特别是作为"规范"讲时,更是如此。例如,"应该讲道德"与"应该讲伦理"是同一个意思,"道德规范"和"伦理规范"也是等同的。但它们有着各自的概念范畴和使用区域,不能相互替代。"伦理"是伦理学中的一级概念,而"道德"是"伦理"概念下的二级概念。在日常用法中,"伦理"更多地用于物和事,更具有客观、客体、社会、团体的意味;而"道德"更多地用于人,更含主观、主体、个人意味。例如,我们会说某个人"有道德",或者说是"有道德的人",但一般不会说某人"有伦理",或是"有伦理的人"。

二、职业道德

(一)职业道德的含义、特点及功能

1. 职业道德的含义

职业道德,就是指从事一定职业的人在职业活动中应当遵循的具体职业特征的道德要求和行为准则。职业道德体现了从事一定职业活动的人们的自律意识。

2. 职业道德的特点

（1）在规范内容上，职业道德总是反映社会对某一具体职业活动的特定要求。

（2）在调节范围上，职业道德仅限于规范本职业的从业人员及其相关的职业活动。

（3）在表现形式上，职业道德具有灵活、多样、具体的特点。

（4）在历史发展方面，职业道德具有较强的稳定性和连续性。

3. 职业道德的功能

（1）职业道德具有调节从业人员与其服务对象之间相互关系的功能。

（2）职业道德具有调节职业内部从业人员之间相互关系的功能。

（3）职业道德具有提高从业人员整体道德素养的功能。

（二）职业伦理和职业道德的关系

（1）职业伦理反映行业领域共同需要的规范经社会认可后的具体化，是一种他律的伦理标准。

（2）职业道德是行业从业人员对伦理的认同和修养，是一种自律性伦理标准。

▶ 案例

道德缺陷挽救不了聪明

十几年前，有一个小伙子刚毕业就去了法国，开始了半工半读的留学生活。渐渐地，他发现当地公共交通系统的售票处是自助的，也就是你想到哪个地方，根据目的地自行买票，车站几乎都是开放式的，不设检票口，也没有检票员，甚至连随机性的抽查都非常少。

他发现了这个管理上的漏洞，或者说以他的思维方式看来是漏洞。凭着自己的聪明劲儿，他精确地估算了这样一个概率：逃票而被查到的比例大约仅为万分之三。他为自己的这个发现而沾沾自喜，从此之后，他便经常逃票上车。他还找到了一个宽慰自己的理由：自己还是穷学生嘛，能省一点是一点。

四年过去了，名牌大学的金字招牌和优秀的学业成绩让他充满自信，他开始频频地进入巴黎的一些跨国公司的大门，踌躇满志地推销自己，因为他知道这些公司都在积极地开发亚太市场。

但这些公司都是先热情有加，然而数日之后，却又都是婉言相拒。一次次的失败，使他愤怒。他认为一定是这些公司有种族歧视的倾向，排斥中国人。

最后一次，他冲进了某公司人力资源部经理的办公室，要求经理对于不予录用给出一个合理的理由。

然而，结局却是他始料不及的。下面的一段对话很令人玩味。

第七章 职业伦理

"先生,我们并不是歧视你,相反,我们很重视你。因为我们公司一直在开发中国市场,我们需要一些优秀的本土人才来协助我们完成这个工作,所以你一来求职的时候,我们对你的教育背景和学术水平很感兴趣,老实说,从工作能力上,你就是我们所要找的人。"

"那为什么不收我为贵公司所用?"

"因为我们查了你的信用记录,发现你有三次乘公交车逃票被处罚的记录。"

"我不否认这个。但为了这点小事,你们就放弃了一个多次在学报上发表过论文的人才?"

"小事?我们并不认为这是小事。我们注意到,第一次逃票是在你来我们国家后的第一个星期,检查人员相信了你的解释,因为你说自己还不熟悉自助售票系统,只是给你补了票。但在这之后,你又两次逃票。"

"那时刚好我口袋中没有零钱。"

"不、不,先生。我不同意你这种解释,你在怀疑我的智商。我相信在被查前,你可能有数百次逃票的经历。"

"那也罪不至死吧?干吗那么认真?以后改还不行吗?"

"不、不,先生。此事证明了两点:一是你不尊重规则。不仅如此,你还擅于发现规则中的漏洞并恶意使用。二是你不值得信任。而我们公司的许多工作是必须依靠信任进行的,因为如果你负责了某个地区的市场开发,公司将赋予你许多职权。为了节约成本,我们没有办法设置复杂的监督机构,正如我们的公共交通系统一样。所以我们没有办法雇用你,可以确切地说,在这个国家甚至整个欧盟,你可能找不到雇用你的公司。"

直到此时,他才如梦方醒、懊悔难当。然而,真正让他产生一语惊心之感的,却还是对方最后提到的一句话:"道德常常能弥补智慧的缺陷,然而,智慧却永远填补不了道德的空白。"

故事的主人公不久便回国了。他凭着自己的努力成了一名小有名气的企业家。在一次电视访谈节目中,他向大家讲了这个故事,并告诫大家:一个人失去了财富、失去了职业、失去了机会,你都可以再重新站起来,但要是失去了诚信的人格,你的信誉将一败涂地,一生的前途都将为此蒙上阴影。诚信是事业成功的关键品质。

课堂实训

职业道德对个人发展的意义

职业道德是我们取得事业成功的重要前提。虽然各个企业的规模不尽相同,用人标准有一定的差异，在选拔人才时自有其独特之处，但是从根本上看，他们对人才的要求是一样的。依据企业员工工作能力与职业道德水准的不同，可以区分为四类员工（如图7-5所示）。请参考A、B、C、D四类员工，与同学讨论职业道德对个人职业发展的意义所在。

类型	职业道德	工作能力	企业认同度	结果
A 人财	好	强	高	给企业带来财富
B 人材	好	差	一般	"将就"使用
C 人才	差	强	低	很难使用
D 人裁	差	差	低	被裁员

图7-5 依据员工工作能力与职业道德分类的四类员工

讨论：在个人的职业发展过程中，职业道德具有什么样的重要地位？与工作能力相比较，哪一个更重要？

本 章 小 结

道德是对某种规范的认识、情感、意志、信仰以及在此基础上形成的稳定的和一贯的行为。它是一种十分复杂的社会现象，渗透在社会生活的各个方面，对社会生活起着巨大的能动作用。它是自我完善的一种手段，是一种目标，是个人自由发展的一个重要组成部分。

职业道德是反映社会对某一具体职业活动的特定要求，体现了从事一定职业活动的人们的自律意识。

职业伦理是指从事各种特殊或专门职业的工作者所应具备的行业道德，以及他们所应遵循的基本职业伦理规范。

第八章

职业道德基本规范

学习目的和要求

- 了解职业道德基本规范的含义
- 领会社会主义职业道德规范的基本要求
- 掌握职业道德规范的具体内容，努力做到在思想上和行动上自觉履行职业道德规范

规范是指约定俗成明文规定的标准，也就是准则。道德规范是人们道德关系和道德行为普遍规律的反映，是一定社会制度对人们提出的应当遵循的行为准则。

职业道德规范是指在一定职业活动中应遵循的、体现一定职业特征的、调整一定职业关系的职业行为准则和规范。它是从业人员在进行职业活动时应遵循的行为规范，同时又是从业人员对社会所应承担的道德责任和义务。

职业道德基本规范是所有从事职业活动的人们必须遵守的基本职业行为准则，它包括爱岗敬业、诚实守信、办事公道、服务群众、奉献社会。其中，爱岗敬业是职业道德规范的核心和基础，诚实守信、办事公道是职业道德准则，服务群众、奉献社会是职业道德的灵魂。

第一节 爱岗敬业

职场思考

曾任北京市 21 路公共汽车 1333 号车女售票员的李素丽，自 1981 年站上三

尺售票台以来，以周到的服务，细致的关怀，赢得了社会的赞誉，做出了不平凡的成绩。她为自己制定了服务原则：礼貌待人要热心，照顾乘客要细心，帮助乘客要诚心，热情服务要恒心。李素丽经常是你发火，我耐心；你烦躁，我冷静；你粗暴，我礼貌，得理也让人。为了搞好服务，李素丽不仅学会了一些简单的哑语、英语和粤语，还自学了心理学，艺术地为他人服务。如一位姑娘把座位让给一位抱小孩的女乘客，这位乘客好像觉得这个座位就该她坐似的，没有丝毫感谢之意，李素丽便上前对这女乘客怀里的孩子说："多可爱，多乖的小孩，阿姨上了一天班这么辛苦还把座位让给你，还不谢谢阿姨。"小孩母亲一听，感到自己失礼了，立即向姑娘道歉，姑娘的气便消了。

点评：李素丽的事迹告诉我们，一个员工有没有爱岗敬业的精神，其工作的效果和绩效是完全不同的，当一个员工有爱岗敬业精神时，才能投入全身心的精力，把工作做到最好。

（许湘岳、陈留彬：《职业素养教程》，人民出版社 2014 年版。）

理论提升

一、爱岗敬业的含义

爱岗敬业是职场的第一美德，是职业道德的基础和核心，是社会主义职业道德所倡导的首要规范，是职业道德建设的重要环节。爱岗敬业是人们对工作态度的一种普遍的要求，是各项事业成功的基础，不爱岗、不敬业，就会导致事业的失败。

所谓爱岗，就是热爱自己的工作岗位，热爱自己从事的职业，能够为做好本职工作尽心尽力。爱岗是职业工作者做好本职工作的诸多因素中必不可少的重要前提条件。

所谓敬业，就是以恭敬严肃、负责的态度对待工作，一丝不苟、兢兢业业、专心致志、任劳任怨的强烈的事业心和忘我的精神。敬业是职业工作者对社会和他人履行职业义务、道德责任的自觉行为和基本要求。

总之，爱岗敬业是每个职业人都应该具备的一种职业态度，也是我们一生应当恪守的职业道德，两者相辅相成，互为前提。

▶ 案例

"一滴焊接剂"的智慧改变了洛克菲勒的人生

某青年在美国某石油公司工作，学历不高，也没有什么特别的技术，他的工作，连小孩子都能胜任，那就是巡视并确认石油罐盖有没有自动焊接好。石油罐在输送带上移动至旋转台上，焊接剂便自动滴下，沿着盖子回转一圈，作业就算结束。他每天如此反复好几百次地干着这种工作。后来他集中精神观察，发现罐子旋转一次，焊接剂滴落 39 滴，焊接工作便结束。于是，他努力思考：如果能将焊接剂减少一两滴，是否能够节省成本。经过一番研究，终于研制出"38 滴型焊接机"。虽然节省的只是一滴滴焊接剂，但却给公司带来了每年 5 亿美元的利润。这个青年，就是石油大王——约翰·洛克菲勒。

(许湘岳、陈留彬：《职业素养教程》，人民出版社 2014 年版。)

二、爱岗敬业的具体要求

在社会主义社会里，尽管人们在不同的工作岗位从事不同的职业，但爱岗敬业的职业道德要求却是相同的。概括起来有以下几点：

（一）树立正确的职业观

每一位从业者对自己从事的本职工作的意义要有正确的认识，从内心热爱并热心于自己从事的职业和岗位，把干好本职工作当做最快乐的事情。职业只有分工的不同，没有贵贱之分。

（二）要乐业

敬业，就是忠于职守；乐业，就是热爱职业。乐业体现在职业情感和职业行为两个方面。职业情感是人们对所从事的职业的情绪与态度。首先是对自己的工作的一种崇高的职业尊重和荣誉感，深信自己的工作有益于国家、有益于社会、有益于他人。其次是对自己的工作抱有浓厚的兴趣，倾注满腔的热情，把职业生活看做是一种乐趣，并在刻苦奋斗取得成绩的时候感到无比的快乐。

▶ 案例

三个工人在砌一堵墙。有人过来问："你们在干什么？"

第一个人没好气地说："没看见吗？砌墙。我正在搬运那些重得很的石块。可真是累人哪……"

第二个人抬头笑了笑，说："我们在盖一幢高楼。不过这份工作可真不轻松啊……"

第三个人边干边哼着歌曲，他的笑容很灿烂开心："我们正在建设一个新城市。我们现在所盖的这栋大楼未来将成为城市的标志性建筑之一！我想能够参与这样一个工程，真是令人兴奋。"

10 年后，第一个人在另一个工地上砌墙；第二个人坐在办公室中画图纸，他成了工程师;第三个人呢,是前两个人的老板。

点评:态度决定方法,态度决定一切。一个人的态度直接决定他的行为,拥有良好积极的职业态度才会感受到工作的乐趣、职业的前途,才有可能取得事业的成功。

(三) 要勤业

勤业是指勤奋刻苦,认真负责,不懈努力。勤奋既是一种劳动态度,也是一种职业作风。要做到勤业,一要勤奋,二要刻苦,三要坚强。勤奋就要做到手勤、脚勤、脑勤、眼勤,这是提高学习和工作效率的关键。

▶ 案例

一个偏远山区的小姑娘来到城市打工,在一家餐馆当服务员。在大多数人来看,这是一份简单的工作,只要招呼好客人就行了。虽然很多人从事这个职业多年,却很少有人认真用心地投入过,不就是客人来了,泡泡茶,帮客人点点菜、端端盘子之类的事吗?实在没有什么需要投入的。

可是,这个小姑娘不一样,她从一进入餐馆就十分用心,只要有客人光顾,她总是千方百计地让他们高兴而来、满意而去,那些常来餐馆吃饭的客人,她不仅记得他们的姓名,还掌握了他们的口味和爱好,赢得了顾客的交口称赞。当别的服务员在嗑瓜子、闲聊时,她却在厨房帮师傅们配菜或切菜,她还自费买菜谱,细细地琢磨,为餐馆推荐了许多既营养又有特色的菜,招来了很多来尝鲜的新客户,为餐馆增加了收益。很多老客人就是因为她的口碑好而常来这个餐馆的。

吃饭高峰期客人特别多,服务员们有时忙得连正点吃饭时间都没有。只有等客人吃好、吃饱,走了以后,他们才有时间吃饭。很多人抱怨工作量太大,不是喊肚子饿,就是说没力气,虽然不敢怠工,但对待客人的服务就没那么细心周到和热情了,甚至有点儿心不在焉。而这个姑娘呢,脸上始终挂着微笑,别的服务员照顾一桌客人,她却独自招呼几桌的客人,并且让客人都感到满意。

老板很欣赏她的才能,提拔她做主管。餐馆生意在不断地做大,这个小姑娘也成了这家餐馆的合伙人。

点评:小姑娘之所以能够脱颖而出,关键在于她在平凡工作岗位上无怨无悔地倾注自己的全部真诚与热情,勤奋工作,爱岗敬业,充分发挥了工作的主动性和积极性。一个人的工作态度折射他的人生态度,而人生态度决定了一个人一生的成绩。

（四）要精业

精业是指对本职工作业务纯熟，精益求精，力求使自己的技能不断提高，使自己的工作成果尽善尽美，不断地有所进步、有所发明、有所创造。

▶ **案例**

麦当劳兄弟的故事

20 世纪 20 年代，麦当劳兄弟告别故乡，勇闯美国名影城好莱坞。

1937 年，历经多次挫折的兄弟二人，抱着永不服输的念头，借钱办起了全美第一家"汽车餐厅"，由餐厅服务生直接把三明治和饮料送到车上。也就是说，麦当劳兄弟二人最初办的路边餐馆，定位于服务到车、方便乘客的经营模式。

由于形成独特，方便周到，餐厅很快一炮打响，一时间他们的"汽车餐厅"独领风骚。后来人们纷纷效仿，办"汽车餐厅"的人日益增多。结果，麦当劳的生意大不如初，而且每况愈下。

在困难面前，兄弟二人没有丝毫的退缩、沮丧和消沉，而是继续琢磨着再一次超越现状的良策。他们摒弃了原有"汽车餐厅"的服务理念，转而在"快"字上大做文章，以简单、实惠、快捷的全新经营理念吸引了千千万万顾客蜂拥而来。

后来，他们兄弟二人一直都没有满足于现状，而是继续敢想敢干，想尽各种方法出奇制胜，比如推出小纸盘、纸袋等一次性餐具，进行了厨房自动化和标准化的革命等，不断迎接新的机遇和挑战。

总之，乐业、勤业、精业，这三者是相辅相成的。乐业是爱岗敬业的前提，一种良好的职业情感；勤业是爱岗敬业的保证，是一种优秀的工作态度；精业是爱岗敬业的条件，是一种执着完美的追求。

（许湘岳、陈留彬：《职业素养教程》，人民出版社 2014 年版。）

课堂实训

结合铁人王进喜的典型案例，谈一谈从业人员如何做到爱岗敬业？

第二节 诚实守信

职场思考

1996 年 5 月的一天，济南工商银行大观园储蓄所赵安接待了一对前来存款的夫妻，钱装在一只编制袋中，他们是做水果生意的，钱又散、又乱、又破旧。存款凭条上填写的数目是 7.4 万元。赵安同志细心地数了两遍，都是 8.4 万元。赵安对这对夫妻说，你们数错了，他们不信，又数了一遍，果真是 8.4 万元。这对夫妻对赵安同志诚实不欺的高尚品德十分感激。事情传出来以后，引来许多前来存款的生意人。

（上海市精神文明建设委员会：《道德实践活动 100 例》，上海人民出版社 2003 年版。）

理论提升

诚实守信是职场立身之本。诚实就是真心诚意，实事求是，不虚假不欺诈；守信就是遵守承诺，要讲究信誉，要诚信无欺，要讲究质量，要信守合同、言必信、行必果。

诚信不仅是一种品行，更是一种责任；不仅是一种道义，更是一种准则；不仅是一种声誉，更是一种资源。诚实守信是企业的发展之基，也是员工的立身之本；是各行各业的生存之道，也是维系良好市场经济必不可少的道德准则。

一、诚实守信的含义

诚实守信是互为关联的两个概念。所谓诚实，就是忠诚老实，不讲假话。所谓守信，就是信守诺言，说话算数，讲信誉，重信用，履行自己应承担的义务。诚实和守信二者是相通的，是互相联系在一起的。诚实是守信的基础，守信是诚实的具体表现。诚实侧重于对客观事实的反映是真实的，自己内心的思想、情感和表达是真实的。守信侧重于对自己应承担、履行的责任和义务的忠实，毫无保留地实践自己的诺言。

二、诚实守信的具体要求

（一）确立诚实守信的观念和意识

"诚信"之德，历来是被人们所称颂的美德。它已经根植于我们民族的心里，人民群众对各式各样的假冒伪劣行为深恶痛绝。我们要自觉抵制各种不正之风，树立以诚实守信为荣，以见利忘义为耻的理念。

（二）遵守诚实守信的职业道德规范

道德教育的一贯原则是"知""行"统一。言而有信本身也是诚信的一种表现。在生活和职业活动中，我们都应该讲老实话，做老实人，办老实事。今天，我们正处在社会主义市场经济的形势下，市场经济既是一种法制经济，也是一种道德经济、信用经济，信用是实行市场经济的道德前提。不讲信用，交换就不能进行，社会劳动分工就会遭到破坏，社会生活就不能正常进行下去。

（三）信守承诺，言行一致

"人先信而后能求"，对于一个人来说，先应该讲信用，然后再论及他的本领如何。社会主义职业道德提倡"讲究信用"，从根本上说是要做到谨慎承诺，有诺必践。

（四）要旗帜鲜明地与不诚信的行为做斗争

从业人员要坚持诚实守信的职业道德规范，就必须旗帜鲜明地反对以假乱真、以次充好、弄虚作假的欺诈行为，与不诚信的行为做斗争。要维护市场经济秩序，就必须和这种不诚信的行为做坚决的斗争。

课堂实训

一位开锁匠老了，他想从甲、乙两个徒弟中选一位传人，把自己的手艺传下去。怎么选？老锁匠出了一个题目，让两位徒弟以最快的速度打开银行的两个保险柜。甲只用了十几分钟，就打开了保险柜；看到满头大汗还在开锁的乙，甲心里沾沾自喜。看来自己当传人是稳操胜券了。大约半个小时后，乙才将保险柜打开。

这时师傅询问两个徒弟："你们打开保险柜看到里面有什么东西？"甲说："我看到里面是崭新的百元钞票。"乙说："我只顾开锁没有看到里面的东西。"师傅听了两个徒弟的回答，宣布乙徒弟为自己的传人。甲徒弟很不服气，质问师傅原因。师傅严肃地说："咱们开锁匠心里只有锁，而你却窥到里面的东西，不符合咱们开锁匠的职业操守，所以我不能让你做我的传人。"

结合自身亲身经历，分享诚实守信对你人生最大的影响是什么？

第三节 办事公道

职场思考

陈某是某企业人力资源部经理，最近为"炒"一个员工的事跟老总闹别扭。事情是这样的：销售部有三个员工在张某的带动下私分了1500元钱的货款。事情暴露以后，陈某向老总递交了辞退张某等4人的报告，但老总只批了辞退3名员工保留张某。陈某很明白张某是老总的老乡，老总是念乡情而不"炒"他。但私分1500元钱的带头人是张某，带头的不用"炒"，这事传出去会有什么后果。

一个企业如果没有严格的管理制度，员工的管理就会困难重重，在处理各类纠纷时就不能做到公平、公正，最后必然导致人才的流失，影响企业的长远发展。

理论提升

办事公道，就是要体现公平、正义。办事公道有助于社会文明程度的提高，是市场经济良性运行的有效保证。

办事公道的基本要求是：要求从业人员以国家法律法规，社会公德为准则，客观、公正公开地开展公务活动。

一、办事公道的含义

办事公道是职业道德的基本准则。它要求各行各业的劳动者在本职工作中，要以国家的法律法规、各种纪律、规章以及道德准则为标准，秉公办事，公平公正地处理问题，遵守本职工作所制定行为准则，平等待人，不以私害公。办事公道，就是要求从业人员在处理各种利益关系时，要坚持实事求是、客观公正的立场和态度，绝不强词夺理或倚仗权势袒护某一方利益，排斥另一方利益。

二、办事公道的具体要求

（一）照章办事，一丝不苟

照章办事就是要按照规章制度来对待所有的人和事。由于现实情况的复杂性和具体性，许多规章制度都包含着给执行者以灵活处理问题的一些权限，能否做到办事公道，就取决于办事者的职业道德。

（二）坚持原则，客观公正

坚持原则是一切从业人员必须具备的最起码的道德品质。只有坚持原则才能扶持正气，顶住歪风。否则，正气不长，邪气必生，长此以往，必然正不压邪，从而丧失了公道。坚持原则要求从业人员按照法纪法规行使权力，履行职业义务。

（三）待人公平，一视同仁

待人公平就是把每一个人都当做"一个人"来尊重，对所有的人一视同仁；以人与人之间的相互理解、尊重的公平之心，以充满了生气的、生动的交往方式来对待他人。

一视同仁就是从业人员在处理个人和群众，以及群众和群众之间关系的问题上，要公平对待。不论职位高低、关系亲疏，一律以尊重态度热情服务，一律按党的方针政策办事，按规章制度办事，该怎么办就怎么办。

课堂实训

讨论：办事公道的具体要求是什么？我们需要从哪些方面做起？

第四节 服务群众

职场思考

徐虎是上海普陀区中山北路房管所的水电修理工，徐虎发现居民下班以后正是用水用电高峰，也是故障高发时间，而水电修理工也已下班休息，于是在他管辖的地区率先挂出三只醒目的"水电急修特约报修箱"，每天晚上19时准时开箱，并立即投入修理。

从此，晚上19时，成了徐虎生活中最重要的一个时间概念。十多年来，不管刮风下雨，冰冻严寒，还是烈日炎炎或节假日，徐虎总会准时背上工具包，骑上他的那辆旧自行车，直奔这三个报修箱，然后按照报修箱上的地址，走了一家又一家。

十多年中，他从未失信过他的用户，十年辛苦不寻常，徐虎累计开箱服务3700多天，共花费7400多小时，为居民解决夜间急修项目2100多个，他被群众誉为"晚上19点钟的太阳。"

（许湘岳、陈留彬：《职业素养教程》，人民出版社2014年版。）

理论提升

服务群众就是全心全意地为人民服务，一切以人民的利益为出发点和归宿。服务群众的基本要求包括：要求从业人员认真听取群众意见，了解群众需要，端正服务态度，改进服务措施，提高服务质量；要热情周到，要满足需要，要有高超的服务技能。

一、服务群众的含义

尊重群众是服务群众的前提。人民群众是社会物质财富和精神财富的创造者，是我们的生活之源。服务群众就是要更多地为群众谋福利，全心全意地为人民服务，一切以人民的利益为出发点和归宿。

二、服务群众的具体要求

（一）树立服务群众的观念

毛泽东曾指出："全心全意地为人民服务，一刻也不脱离群众；一切从人民的利益出发，而不是从个人和小集团的利益出发；向人民负责和向党的领导机关负责的一致性；这些就是我们的出发点。"[①] 我们要牢固地树立全心全意为人民服务的思想，兢兢业业、踏踏实实地做好本职工作，甘当群众的服务员。

（二）自觉履行职业责任，遵守执业规则

自觉履行职业责任就是要求从业人员把职业责任变成自觉履行的道德义务，积极发挥本职业、本岗位的职能作用。不同的职业有着不同的职业规则，从业人员不但要熟悉本职业的全部规则，还要严格按照规章制度办事，并承担自己责任范围的后果。

（三）热情周到，满足群众需要

热情周到就是从业人员对服务对象要报以主动、热情、耐心的态度，把群众当亲人，服务细致周到，勤勤恳恳。满足群众需要的就是从业人员要努力为群众提供方便，想群众之所想，急群众之所急，关心他人疾苦，主动为他人排忧解难。

课堂实训

结合自己的体验，谈谈怎样才能做到文明优质服务？

第五节 奉献社会

职场思考

安徽大学生命科学院植物学老师何家庆怀里揣着一张中华人民共和国地图和一张《国家八七扶贫攻坚计划贫困县名单》，从1998年2月12日起，孤身一人启程，开始了他的大西南扶贫行动。他走了305天，行程3万多公里。安徽、湖北、浙江、重庆、四川、贵州、云南等省市的102个地（州）市和县，27个少数民族聚集地，207个乡镇，426个村寨，都留下了他令人难忘、令人感动的身影。他为农民举办技术培训班60余次，直接接受培训的有2万多人。这一路，

[①] 《毛泽东选集》第三卷，人民出版社1991年版，第1094~1095页。

耗尽了他16年积蓄的27720.80元。

安徽大学代校长黄德宽说:"何家庆把对物质的需求降得不能再低了,他始终追求的是把自己所掌握的科技知识转化为农民脱贫致富的工具,只知奉献,没有索取啊!"

(上海市精神文明建设委员会:《道德实践活动100例》,上海人民出版社2003年版。)

理论提升

奉献社会就是把自己的知识、才能、智慧等毫不保留地、不计报酬地贡献给人民、社会、国家,并带来实实在在的利益。

奉献社会的基本要求是:从业人员具有奉献精神,全心全意为社会做贡献,把公众利益、社会利益放在第一位,这是每个从业者职业行为的宗旨和归宿。

课堂实训

谈谈如果你在一个平凡的岗位上,打算怎样奉献社会?

本 章 小 结

社会主义社会的各种职业都有其相应的职业行为准则,这些就是社会主义职业道德规范。根据《公民道德建设实施纲要》,其基本规范包括:爱岗敬业、诚实守信、办事公道、服务群众、奉献社会。

第九章

行业道德训练与养成

学习目的和要求

- 了解不同行业对职业道德规范的要求
- 理解金融职业道德规范的基本内容
- 理解会计职业道德规范要求
- 理解计算机职业道德规范要求
- 掌握职业道德规范要求

职业道德规范既包括各行各业必须共同遵守的职业道德基本规范，同时也包含适应各自职业要求的行业职业道德规范。

行业是以生产要素组合为特征的各类经济活动。每个行业都包含有许多职业。由于每种职业社会使命、工作性质、业务内容、运作方式、劳动强度、服务对象、活动场所等存在明显的差别，所以对从业人员的职业素养就有一些不同的要求。如：金融、会计类职业道德规范；文化、医务类职业道德规范；法律、商业类职业道德规范；行政管理人员职业道德规范等。每类行业的职业道德规范都是职业道德基本规范在各行业的进一步具体化，体现了本行业内各种职业道德的共同特征。

第一节 金融职业道德规范

职场思考

沦落的高官——王雪冰严重违法违纪案

2003年12月11日晚7时，王雪冰出现在北京市第二中级人民法院审判庭上的电视图像播放之后，很快传遍了全球。王雪冰，男，中共党员，1988年起，历任中国银行纽约分行总经理，中国光大（集团）总公司副总经理、党组成员，中国银行行长、董事长、党委书记，1997年9月当选为中共十五届中央委员会候补委员，2000年2月～2002年1月任中国建设银行行长、党委书记，中国信达资产管理公司党委书记。

经查，王雪冰主要违纪违法问题是：
（1）利用职务之便，贪污受贿；
（2）生活腐化，道德败坏；
（3）工作严重失误，给中国银行造成巨大损失。

分析： 王雪冰案件是一起高级领导干部贪污受贿、腐化堕落、严重失职的典型案件。王雪冰严重违纪违法的根本原因是长期放松思想改造，权力观、利益观严重扭曲，把党和人民赋予的权力当做牟取私利的工具。

（王琦：《金融职业道德概论》，中国金融出版社2008年版。）

理论提升

一、银行职业道德基本规范

银行职业道德是指从事银行职业的人员，在银行业务活动中处理与社会有关部门、服务对象的关系，处理行业内部人际之间、部门之间的关系，处理个人同集体、国家之间的关系所应遵循的行为准则。

（一）忠于职守

1. 忠于职守的含义

忠于职守是整个银行职业道德体系的基石。忠于职守是社会主义职业道德的一个最基本的要求。他是指负有一定责任的人对待本职工作极端热忱，对业务精益求精的精神，是一种兢兢业业，任劳任怨，坚持原则，不为任何名利所诱惑，不向任何邪恶势力屈服的品质。简言之，忠于职守就是忠诚于自己的职业，尽心尽力做好自己的工作。

2. 忠于职守的具体要求

要树立全心全意为人们服务的思想
要精技勤业，争创第一流的服务、第一流的效率、第一流的成绩
要具有临危不惧、坚守岗位的崇高献身精神

图9-1　忠于职守的具体要求

（二）严守信用

银行是一种经营货币信用的社会职业。它的经营方式就是信用，严守信用对银行来说具有特殊的意义。

1. 严守信用的含义

严守信用是银行职业道德的一个主要规范，它是指一切与银行业务活动相关的个体行为，都应站在银行职业群体的立场上，把重合同、守信用，维护和增进银行及银行职业群体的声誉放在首位，一切言行都应以不损害客户的利益和不损害银行职业群体的信用和声誉为准则。严守信用是银行的立业之本。社会主义银行事业是人民的事业，更应该取信于民，树立起银行的信誉，取得客户的支持和信任。

2. 严守信用的具体要求

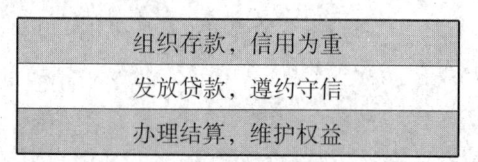

组织存款，信用为重
发放贷款，遵约守信
办理结算，维护权益

图 9-2 严守信用的具体要求

（三）廉洁奉公

廉洁奉公是银行从业人员处理个人与国家、银行与客户之间关系的道德准则。廉洁奉公是银行从业人员道德的基本行为规范。

1. 廉洁奉公的含义

廉洁奉公就是不徇私枉法，不贪污受贿，不搞任何特权，不利用手中掌握的权力为个人和少数人谋利益。廉洁奉公，对每个银行从业人员来说，就是要严格遵守银行工作守则，敢于维护银行工作的严肃性和纯洁性，反对贪污受贿行为。大公无私、清正廉明、廉洁奉公，是银行从业人员处理个人与国家、银行与客户之间关系的道德准则。每个银行从业人员只有严格遵守这一道德规范，在从事日常银行业务活动的过程中，始终保持洁身自好、节俭不贪、持权不乱的高尚品质，才能保证银行业健康稳步地发展，使社会主义银行业真正做到廉洁、高效、全心全意为人民服务。

2. 廉洁奉公的具体要求

自觉遵纪守法,鄙视阳奉阴违。纪律和法规都是强制性的行为规范,违纪违法,必将受到行政处罚和法律制裁。
以勤俭节约为荣,以铺张挥霍为耻。
持权不贪不渎,洁身自好为民。
刚正不阿反腐蚀,严于律己扬清风。

图 9-3　廉洁奉公的具体要求

(四) 竭诚服务

1. 竭诚服务的含义

竭诚服务是银行从业人员必须遵守的职业道德规范。全心全意为经济建设服务,为人民生活服务,是社会主义银行业的宗旨。在指导思想上和实际工作中,必须把为经济建设服务、为客户服务放在第一位,建立社会主义的新型银企关系,竭尽全力、诚心诚意、满腔热情地服务。

2. 竭诚服务的具体要求

客户至上,甘当公仆。
礼貌待客,文明服务。
开拓进取,敢于创新。

图 9-4　竭诚服务的具体要求

(五) 顾全大局

1. 顾全大局的含义

顾全大局是正确处理银行职业群体内外关系的最基本道德规范,是一切先进的银行职业群体长期道德实践的理论概括。顾全大局,即在原则上树立整体观念和全局观念,把全局利益、整体利益放在首位。

2. 顾全大局的具体要求

立足金融,胸怀全局。
团结协作,相互支持。
互助互学,共同进步。

图 9-5　顾全大局的具体要求

二、保险职业道德基本规范

（一）保险业务管理人员职业道德规范

1. 诚实守信，敬业奉献

2003年1月1日起经修改实施后的《中华人民共和国保险法》把作为保险四大原则之首的诚信原则写进了法律。可见，诚信对保险公司持续稳健的发展有着重要的作用。诚信是保险公司展业的基本准则，是保险合同的基础，是保险公司维护信誉的基本要求，是保险公司品牌管理的核心。

敬业精神是保险业务管理人员必须具备的工作精神。它要求保险业务管理人员以保险职业为荣、为重、为本，具体的表现为"四爱"，即爱我事业、爱我公司、爱我商品、爱我客户。

▶ 案例

诚信乃立业为本

张某于2002年7月，用按揭贷款的方式购买10吨自卸车一辆，因张某系按揭贷款买车，根据有关规定，必须投保相关的保险，于是汽车经销商联系某保险公司业务员汪某来给张某办理投保手续。保险公司业务员汪某来了以后，告诉张某，因为张某是按揭贷款购车，所以必须投保车身险、第三者责任险、盗抢险和不计免赔险四种。张某表示同意，在办理保险手续过程中，张某多次问保险公司业务员汪某："我买车回去是在开发区运土，基本上不上路，我的车子不上牌照，如果发生了事故，你们保险公司赔不赔？"汪某明确表示公司肯定会赔的，汪某说："怎么会不赔呢？不赔的话我们保险公司就不要求你们投保了。因为你保的是车架号和发动机号，而不是保牌照，你交了保费，保险生效后，只要属于这四种险，我们保险公司都会赔的。"于是张某放心地向保险公司支付了全部四项险的保险费。保险公司业务员汪某替张某办理了投保的一切手续，包括投保单都是汪某代为填写的。汪某既没有给投保人张某看保险条款，也没有向投保人介绍保险条款的内容和免责条款的内容，收了张某交的保险费后，就匆匆离开了。过了两天，保险公司出了保单，但是，未将该保单交给投保人张某。在该保险生效4个月后即2002年11月，张某投保的车辆被盗，张某根据保险公司的要求准备了所有理赔的材料，向保险公司要求理赔，1个月后，保险公司向张某发出了拒赔通知，以及《机动车辆保险条款》第五条第十一款的拒赔，该条的内容为：除本保险合同另有书面约定外，发生保险事故时保险车辆没有公安交通管理部门核发的行驶证和号牌，或未按规定检验或检验不合格，保险人均不负责赔偿。张某对保险公司的拒赔不能接受，委托律师代为向人民法院提起诉讼。

分析：由上述案例可知，保险公司业务员没有按照诚信原则的要求尽到如实告知的义务，因此，保险条款中的免责条款对投保人及被保险人张某无效，保险公司应按保险合同约定支付保险费。最大诚信原则是保险业的基石，只有以最大诚信原则要求和约束保险双方当事人，保险业才能健康发展。

2. 顾客至上，优质服务

"顾客至上，优质服务"是保险业务管理人员职业道德的核心内容。顾客至上要求保险业务管理人员在处理和保户的关系时，应自觉地把保户放在第一位，以认真负责的态度，尊重和维护保户的合法利益，竭诚地为保户提供一流的服务。这一职业道德规范具体要求保险业务管理人员做到：文明礼貌，尊重顾客；展业承保，方便顾客；积极防灾，防赔结合；研制险种，扩大服务。

3. 遵纪守法，秉公廉洁

遵纪守法是对每个公民的基本要求，秉公廉洁是对公司职员和每个社会管理者的要求，二者也是保险业务管理人员职业道德的一项重要规范。它要求保险业务管理人员做到：第一，强化法纪观念，努力学习有关法规和纪律；第二，厉行节约，反对浪费；第三，持权不贪，廉洁奉公。

4. 科学管理，创新工作

"科学管理，创新工作"这一职业道德规范要求保险业务管理工作者做到：第一，忠于职守，各司其职，做好工作。第二，学习业务，掌握政策。第三，调查研究，搞好预测，做好参谋。

5. 顾全大局，团结互助

顾全大局，是指在处理个人和集体的利益关系上，要树立整体意识和全局观念，把全局利益放在首位。团结互助是指人与人之间的关系中，为了实现共同的利益和目标，互相帮助、互相支持、团结协作、共同发展。这一职业道德规范要求保险业务管理工作者做到：首先互相平等尊重，其次要强调互相学习。

▶ 案例

成功来自团体的力量

"没有十全十美的个人，只有十全十美的团队。"作为某寿险公司重庆分公司的梅经理时常把这句话挂在嘴边。就是因为拥有这样十全十美的团队，才能成就这位优秀的经理在2004年以项目部1.78亿元的总保费创造了重庆分公司的奇迹，成功入围总公司团体系列高峰会，并获得"优秀分部经理"的荣誉。

下面是一段记者采访梅经理的访谈录。

记:"梅经理,是什么让你对保险这个行业如此的认同和热衷?"

梅:"一位做寿险的朋友告诉我,寿险的魅力不仅仅在于它的高收入,还在于它能在给你带来荣誉感的同时也向你发出挑战。自己在帮助别人的同时也成就了自己。带着这种信念,我加入了人寿保险公司。"

记:"梅经理,在短短两年的时间里,你在完善自我的同时也从一名业务员成为一名资深客户经理,到现在的优秀分部经理,你最大的感慨是什么?"

梅:"其实也不能说是感慨,就是一点点心得而已。部门能够取得如此大的成绩和大家的努力是分不开的,而我仅仅是起到监督和提醒的作用。我的成功全来自我优秀的团队。也许我不是完美的,但我相信我的团队是十全十美的!"

虽然他的言语是那么的务实,但我们都能体会到"一个优秀的团队离不开好的领导,好的领导总会带出优秀的团队,他们是相互制约、相互协调的"。梅经理却只用了两个词语——监督、提醒,在这四个字的后面是他对员工的一份责任和一份应尽的义务。

记者还从与梅经理一同工作的同事口中了解到:平时的他除了全心全意帮助员工分析条款,陪访客户之外,还以自己的实际行动,以自己的敬业精神和执着的态度为员工做出榜样。员工在他的带动和感染下,紧紧拧成一股绳,使团队在业绩上屡创新高。

分析:"众人划桨开大船",这个案例很好地诠释了"团队就是力量"这一真理。一个人的智慧和能力是有限的,但是团队的智慧和能力是无限的。保险员工在工作中,一方面应努力提高自己,另一方面也要重视团队协作,在团队中学习和成长。

(二) 保险理赔人员职业道德基本规范

1. 信誉第一,准确理赔

信誉第一,准确理赔,就是在保险理赔工作中重合同、守信用,坚持实事求是的原则。这一道德规范的具体要求是:第一,重信惜誉,增强自我约束能力;第二,重合同,重事实,保证准确理赔。

2. 主动热情,快速理赔

对于保险理赔人员来说"主动热情,快速理赔"是职业道德准则中具有特殊意义的道德要求。主动、迅速、准确、合理,称为理赔工作"八字方针",是每个理赔人员必须遵守的行为准则。这一道德规范的具体要求是:第一,熟悉业务,提高技能;第二,满腔热情,排忧解难;第三,增强时间观念,追求时间效益;第四,克服重展业、轻理赔的本位利益思想。

► 案例

台风突来袭，公估上阵忙

2005年8月12日，当年第14号台风"云娜"在浙江登陆，正面袭击台州，此次台风历时长，雨骤、风猛，中心风力12级以上，是台州几十年一遇的特大台风。给台州带来了巨大的损失和灾难，众多企业财产遭受到严重的损坏，出险案件接踵而至。为使企业尽快恢复生产，帮助灾区人民重建家园，受保险公司委托，有关公估公司马上组织公估人员赶赴灾区一线，协助保险公司现场勘查核损。

受"云娜"强台风的影响，位于台州市路桥区的某灯饰厂的钢架工棚棚顶、厂房的铁皮瓦被大风掀起吹走，钢架经受不住狂风吹袭，整座钢架工棚倒塌，只剩下部分断壁残垣。由于倾倒墙壁及塌下钢屋架的冲压和风吹雨淋，部分机械设备，来不及抢运的扎灯、卷灯及其半成品，化工原材料和包装物等遭受不同程度的损失。该公司报损金额700多万元。某公估行接到保险公司委托后，当天在被保险人的带领下进入现场勘查。由于受损的物品品种繁杂，数量多，清点难度高，工作量大。工作人员在被保险人的配合下，对受损物品进行了分类统计，核定损失程度，使该案最终以人民币62.8万元顺利结案。

与此同时，位于黄岩地区的某广播电视网络线路受到大面积的破坏，包装损失达700多万元。受保险公司委托，某公估公司组织了三组公估人员，每组分配一名通信专家，奔走出险现场。由于广播站出险站点多分布在山区、半山区、平原和河流边等各种地形地貌，受损情况各有不同。公估人员不辞辛劳，奔走于多个站点现场勘查，对现场的损失情况进行了完整的统计。

3. 秉公守法，不以赔谋私

"秉公守法，不以赔谋私"是保险理赔人员道德规范的一项重要内容，是对保险理赔人员特殊的道德要求。这一道德规范的具体要求是：第一，坚持原则，依法办事；第二，按章办事，认真负责；第三，严于律己，不徇私情。

4. 遵纪守法，敢于斗争

在保险理赔工作中，往往会遇到一些骗保行为，对于这些不诚实，蓄意骗取保险费的不法行为，要坚决予以揭露，并上报有关部门予以行政和法律制裁，绝不姑息迁就或"事不关己，高高挂起"，置国家与人民财产而不顾。对保险人员滥用职权、玩忽职守、以赔谋私等行为要坚决制止。要不怕打击和报复，以维护国家和人民的利益，维护保户和保险职业群体的信誉，推进保险事业健康发展。

▶ 案例

意外中毒难辨真假，模拟实验戳穿谎言

2004年4月10日，某寿险公司青岛分公司接到报案，称客户周某在家里因液化气泄漏中毒身亡。接报后，理赔人员立即调阅了周某的投保资料，发现周某是一个年近六十的老太，刚刚于3月份投保，并且投保险种为低保费、高保障的意外伤害险，保额达7万元。

由于案情重大，理赔人员迅速赶到周某家里，对现场展开调查，理赔人员注意到，周某的住所是两间平房，一间为卧室，即案发地点，另一间为厨房，液化气罐放在厨房的南窗户下。理赔人员仔细检查了房间的封闭性，发现厨房与卧室之间的门封闭性较好，但厨房通向室外的门封闭性较差，门下面有一个很大的缝隙。理赔人员进一步勘查，发现在液化气罐的旁边有一个直径近5厘米的洞，一条细水管从室外穿墙而入，把手放到洞口能明显感到空气流动。周某的丈夫蔡某称，当晚周某独自在家，使用液化气烧水，水开了把液化气浇灭了，没有注意到，液化气漏气导致周某中毒身亡。

经走访周围居民，理赔人员又获得了一条重要信息，周某患胃癌两年多了，但理赔人员对青岛市多家医院进行调查，均未查到周某的治疗记录。虽然没有查到周某的记录，但结合对投保情况的分析和现场勘查情况，理赔人员断定本案属于骗保案件。

为了验证自己的判断，理赔人员找了一个与周某家里同样的液化气罐，把水壶装满水后烧开，看是否能把火浇灭，前后进行4次模拟实验，每次水烧开后即使溢了出来也没有把火浇灭。这个结果更坚定了理赔人员的信心，做完以上工作，理赔人员决定对蔡某摊牌，和他进行心理战。

理赔人员来到蔡某家里，和蔡某闲谈周某的有关情况，谈话过程中理赔人员提出自己口渴了，请蔡某烧点水喝，此时蔡某还没有察觉到理赔人员的意图。水烧开后，理赔人员说水烧的不多，加满水。理赔人员注意到蔡某的脸色变了，很不情愿地把水加满。一会儿水开了，蔡某急着去关火，理赔人员说不急，再烧开点，这时蔡某脸色大变，理赔人员觉得时机到了，单刀直入地告诉蔡某，他们已经了解到周某患癌症多年，所谓液化气泄漏中毒的说法是编造的，在证据面前，蔡某不得不承认周某带病投保的事实，此案最终告破。

点评：通过这个案例，我们可以认识到处理理赔案件高度的责任心是多么重要。虽然工作经验使理赔人员对大多数理赔案独有很好的直觉，能够发现案件存在的疑点，但真正取得有力的证据是非常困难的，这种情况下责任心很关键。

拿本案来说，在大量调查后，始终无法取得周某带病投保的有力证据，但理赔人员没有放弃，而是选择模拟实验，通过多次模拟实验证实蔡某说法的错误性。如果轻易放弃了，不但公司遭受损失，而且会助长骗保的气焰，这不仅对整个国内保险市场非常不利，而且还在一定程度上不利于社会诚信的建立和成长。

三、证券从业人员职业道德规范

（一）正直诚信

1. 正直诚信的含义

正直诚信是指证券从业人员要诚实守信，刚正不阿；要不畏权势，忠于职守，坚决维护市场的"三公"原则，坚持秉公办事，严守信用，实事求是，忠实履行所承担的职责和诺言，取信于民。

2. 正直诚信的具体要求

首先，要求证券从业人员立身要正直，做事要讲诚信，绝不可片面追求盈利，害怕失去客户而违反原则，必须牢记"公平、公正、公开"的"三公"原则，绝对不从事对投资者利益有害的活动。

其次，要求证券从业人员在证券发行、证券交易及其他相关的业务活动中所提供、公布的文件和资料必须真实、完整，不得虚假陈述，或欠缺重要事项。

▶ 案例

言而无信，股民心寒

由于某证券公司营业部的失误，致使其客户徐先生延误了卖出股票的时机。营业部当时许诺要给徐先生赔偿损失，但过了几年，当徐先生再到营业部的时候，他们却推诿说，要当天的分时图作凭据，若拿不出凭据，营业部就不好负责赔偿了。

当时负责这件事情的尹先生在半年前已经调离这家营业部，他说时隔那么久，当时什么情况也回忆不起来，而且柜台上已经换了两三波人，当时的经手人谁也不清楚，也没什么凭据，他已经离开营业部，这事还得找营业部。据营业部马小姐回忆，这件事还有印象，但那位股民过了好几年才过来，谁也记不清到底是怎么回事。当天的问题，应该当天或者第二天提出来，最好一两天就解决，时间一长，人也换了好几拨，就不好解决了。徐先生原以为反正营业部不会跑，电脑的数据也不会丢，他后悔自己高估了营业部的职业素质。

思考：随着证券市场管理体制的逐渐完善和投资者法律保护意识的增强，证券公司营业部也逐步意识到自身信誉问题，但仍然存在着部分证券公司随意践踏投资者合法权益,对客户言而无信的行为。以上案例颇为典型,您是如何看待上述问题的?

点评:上述营业部承诺赔偿却言而无信,显然有悖证券从业人员"正直诚信"的行为规范。

(二) 勤勉尽责

1. 勤勉尽责的含义

勤勉尽责是指证券从业人员要勤奋踏实,努力不懈地做好本职工作。证券从业人员要热爱本职工作,认真负责,勤勤恳恳,踏踏实实,任劳任怨,一丝不苟,对待工作尽责、尽力、尽瘁。

2. 勤勉尽责的基本要求

证券业具有资金集中、竞争激烈的特点,决定了证券从业人员在工作中必须勤勉尽责,才能避免造成失误,才能以优质的服务吸引客户,留住客户,从而赢得市场。勤勉尽责是对证券从业人员的基本道德要求。

首先,勤勉尽责要求证券从业人员热爱证券事业,热爱本职工作,努力钻研,勤奋演练,提高自己的业务水平和工作效率。同时,确立"客户至上"的观念,态度诚恳文明,服务周到热情,沟通真诚有效,合理处理业务中出现的各种矛盾。

其次,我国证券市场发展较晚,管理和服务水平有待提升,证券人员必须积极思考,创造性地开展工作,锐意进取,使我国证券市场迅速发展。

最后,勤勉尽责要求证券从业人员必须按章办事,尽最大努力维护客户及公司的正当利益,要避免粗枝大叶、玩忽职守、越职行事、欺诈客户的行为。

▶ 案例

股票怎么卖不出去?

徐先生在一家营业部做过股票。1999 年 7 月的一天,徐先生急需用钱,想卖几只股票,但怎么也卖不出去,去营业部一看,说户主的股票没有了。营业部查实后解释说,因为徐先生的股东卡曾经丢失,办手续时其中哪个环节没有连上,就造成了这种状况。等那天快到收市的时候,终于连上了,可这时股票的价格已经跌了,徐先生因为急需用钱,还是把它卖了。

思考:徐先生股东卡丢失,营业部办理手续时不慎,使得股东卡上的股票信息出错,导致徐先生后来延误了卖出时机。您如何评价这件事?

点评:兢兢业业是中国人历来形容工作谨慎勤恳的词,究其本源,"兢兢,恐也;业业,危也"(《辞海》1999 年版,173 页)。兢兢业业说的是人们对待工作小心谨慎，勤劳无怨的样子。我们能从中感受到古人创造这一形容词的用心和准确。造成差错的可能虽然有其不可避免性，但掉以轻心和玩忽职守必然会造成差错，而且可能造成很大的损失。

上述营业部为徐先生办理手续时出现差错，并且未能及时发现，至少反映出该营业部业务管理上还存在漏洞，营业部工作人员的工作作风还不够严谨。勤勉尽责是证券从业人员行为规范的重要内容之一。证券从业人员每天面对的是金钱和金钱的衍生品，稍有不慎，就有可能给客户乃至营业部自身造成经济损失，因而用兢兢业业来形容证券从业人员应该具备的职业素养再准确不过了。营业部工作人员只有热爱本职工作，认真负责，勤勤恳恳，踏踏实实，一丝不苟，才有可能尽量减少工作中的失误，客户的利益才能得到基本的保障，营业部也才可能降低自身的管理风险。

（三）廉洁保密

1. 廉洁保密的含义

廉洁作为一种规范要求，是指一个人在非分的收益面前，保持自觉应有的德操。保密即保守秘密，指从业人员要保守在从业过程中接触到的有关客户和证券经营机构的商业机密，也要保守有关国家的秘密。廉洁保密是指证券从业人员要自觉遵守法律法规，按章规章制度办事，要廉洁奉公，不谋私利，严守秘密，谨言慎行，洁身自好。

2. 廉洁保密的基本要求

首先要求证券从业人员务必牢记自己的职责，在工作中不贪财，不伸手，不能利用职务与工作之便贪污盗窃，行贿受贿，不得以任何借口向客户索取礼品或回扣，不得与客户发生借贷关系。

其次，证券从业人员从三个层次着手保守秘密：第一，为客户保密，对客户的信息负有保密责任。第二，为公司保密，不得擅自向外提供本公司的重要业务资料与情报。第三，保守因职务或业务便利而知晓的尚未公布的证券市场的秘密。

保守秘密要求证券从业人员不仅要主观上重视，不泄露、不传播、不散发，更要在日常工作中养成防范意识，形成防范习惯，资料不乱丢，档案保存好，以防被人轻易窃走秘密。

▶ **案例**

内幕交易行为

1998年2月，北京北大方正集团公司（以下简称北大方正）曾就协议受让上海延中实业股份有限公司（以下简称延中实业）流通股一事请求中国证监会豁免，但未能得到中国证监会的同意。3月，北京大学校办产业办公室（以下简称北大校产办）在北大方正协议受让廷中实业流通股未果的情况下，决定由北京大学下属校办企业，通过二级市场参股廷中实业，并于5月11日正式举牌公告。截至5月11日，北大校产办所属四家企业共计持有廷中实业股份5.077%，其中，北京北大科学技术开发公司（以下简称北大科技）购入3417674股，占3.2964%，北京正中广告公司购入1766327股，占1.7036%。

在此期间，王某担任北大方正副总裁兼北大科技总经理（法定代表人），属于内幕人员。王某利用北京大学参股廷中实业这一内幕信息，于1998年2月10日在南方证券北京翠微路营业部，以10元左右的价格买入廷中实业股票68000股，并于4月15日在湘财证券北京营业部以20元左右价格全部卖出，获利61万元。

点评：王某的行为属于内幕交易行为。根据《证券法》的规定，内幕信息指的是证券交易活动中，涉及公司的经营、财务或者对该公司证券的市场价格有重大影响的尚未公开的信息。北京大学校办产业办公室决定由北京大学下属校办企业，通过二级市场参股廷中实业的事实属于对廷中实业的股价有重要影响的信息。在其尚未公开之前属于内幕信息。而王某系北大方正副总裁兼北大科技总经理（法定代表人），属于内幕信息的知情人员。所以王某利用该内幕信息进行廷中实业股票买卖，并且获利，属于内幕交易行为，应当受到法律严惩。

（姜丽勇：《证券违法案例》，经济日报出版社2001年版。）

（四）自律守法

1. 自律守法的含义

证券从业人员要严于律己，遵纪守法，自尊自爱，自重自制；严格要求自己，从小事做起；要自觉增强法制观念，学法、知法、守法，严格按照规章制度办事，抵制不良之风。

2. 自律守法的基本要求

第一，要求证券从业人员遵守国家法律和相关证券业务的各项制度条例，在证券发行、交易、管理等一系列活动中，严格规范自己的行为。

第二，从职业道德角度讲，自律守法要求证券从业人员在法律不完善、无规章可循、有漏洞可钻时，更要自我约束。在诱惑面前克服贪心，驱除杂念，牢记自己的职责，不见钱眼开，不见利忘义。

▶ **案例**

禁止操纵市场

1999年7月以来，某证券公司以158个个人名义开设自营账户炒作M股票，成为炒作 M 股票的庄家。8 月 10 日，该证券公司利用自营账户开始分别大量买入 M 股票，持仓量由 7 月 30 日占总股本的 13.1%，增加到 8 月 9 日的 16.2%，达 1873.6 万股。9 月 1 日，该证券公司再次大量建仓，持仓量达到 2235.6 万股，占 M 股票总股本的 20.8%。

该证券公司用自营账户买卖 M 股票，共用资金 6.8 亿元，并使用不同的账户对 M 股票做价格、数量相近，方向相反的交易，拉高股票价格。据统计，1999 年 8 月 10 日~9 月 24 日，该证券公司通过自营账户之间自买自卖 M 股票 2865200 股，使该股票价格由 5.35 元升至 11.70 元，涨幅达 1 倍多。由于买卖量大，笔数频繁，价量配合明显，该证券公司实际上已操纵了 M 股票价格的涨跌。

点评：操纵市场，是指任何单位或者个人以获取不正当利益或者转嫁风险、减少损失为目的，利用资金、信息等优势，或者滥用职权，影响证券市场的价格，制造证券市场的假象，诱导或者致使投资者在不了解事实真相的情况下做出证券投资决定，扰乱证券市场秩序的行为。

在证券交易活动中，禁止操纵证券交易市场是一项重要的法律准则，也是各国证券市场通行的规则之一。在证券市场中，某些个人或者机构背离市场竞争的原则和供求原则，人为地操纵证券市场交易价格，以引诱他人参与证券交易，为自己谋利益，扰乱了证券市场的正常秩序。它是证券市场竞争机制的天敌，是造成虚假供求关系、误导资金流向的罪魁祸首，是引发社会动荡的重要隐患。

总之，证券从业人员必须以正直诚信为本，勤勉尽责，廉洁保密，自律守法，维护证券市场的健康发展，不得从事任何虚假陈述、内幕交易、操纵市场、欺诈客户的违法乱纪行为。

课堂实训

（1）作为一名保险业务管理人员，应当遵守哪些职业道德、规范？
（2）作为一名保险理赔人员，应当遵守哪些职业道德、规范？

第二节　会计职业道德规范

职场思考

2016 年 11 月，某公司因产品销售不畅，新产品研发受阻。公司财务部预测公司本年度将发生 800 万元亏损。刚刚上任的公司总经理责成总会计师王某千方百计实现当年盈利目标，并说："实在不行，可以对会计报表做一些会计技术处理。"总会计师很清楚公司年度亏损已成定局,要落实总经理的盈利目标,只能在财务会计报告上做手脚。总会计师感到左右为难,如果不按总经理的意见去办,自己以后在公司不好待下去;如果照总经理意见办,对自己也有风险。为此,总会计师思想负担很重,不知如何是好。

要求:根据《会计法》和会计职业道德的要求,分析总会计师王某应如何处理,并简要说明理由。

理论提升

一、会计职业道德规范的含义

会计职业道德规范是一定社会或阶级根据会计道德原则而提出的,要求会计人员在处理个人和他人、个人和社会关系时必须普遍遵循的具体的行为准则。

会计工作能否提供客观、公正的会计信息,能否对本单位经济活动的合法性、合规性、真实性进行监督,在很大程度上取决于会计人员在会计工作中是否遵守会计职业道德规范,按会计法律和会计准则的要求进行。

二、会计职业道德基本要求

(一)尽职尽责,勤奋工作

尽职,就是要通过自己的工作把会计的职能作用充分地发挥出来;尽责,就是要在充分认识自己应负责任的前提下,最大限度地将应负的责任担当起来。勤奋工作,则是要求会计人员以极大的热忱投身会计本职工作之中,做好工作,干出成绩。这一规范反映了会计人员对社会劳动的态度,体现了诚实劳动,树立共产主义劳动态度和共产主义道德规范的精神。

"尽职尽责,勤奋工作",对会计人员的要求包括:要自觉把会计工作同祖国的命运紧密地联系在一起。对会计工作要有热忱,充分发挥积极性、主动性和创造性。掌握最新的会计管理科学知识,刻苦研究会计管理业务。会计人员要自觉形成任劳任怨、一丝不苟的工作态度和工作作风。

(二)当好参谋,参与管理

1. 积极参与企业生产经营全过程的控制和管理

(1)做好预测。即开展广泛的调查研究,科学地预测市场、资源状况、本企业的生产能力、技术设备条件和企业未来发展的趋势等,以了解情况,取得有关信息。

(2)参与决策。即根据预测资料,拟订各种可行性方案,针对生产、销售、价格、成本、利润等几方面决策目标而制订备选方案，进行优化决策。

（3）制订计划。即为实现决策目标而制订各种计划，如劳务、资金、技术、设备等各种具体计划，并做出详细周密的实施预算。

（4）严格执行。即将计划付诸实施，并将执行情况加以记录、计算、分析和控制，使各种计划得以实现。

（5）效果评估。即对执行结果加以分析和评价，考核成绩，检查存在问题，并通过信息反馈，为下期计划提供依据，为决策提供信息。

2. 以经济效益为中心，提出改善经营管理的措施、建议

经济效益是企业一切工作的核心。会计工作必须围绕这一中心来开展。在这里，一方面就是要通过对各项资金、物资的管理、监督，以保护财产安全，挖掘增产潜力，少花钱多办事，加速资金周转；另一方面就是要通过收支管理，以合理组织收入，节约费用支出，少投入多产出，增加财富收益。

会计人员应充分利用会计工作所反映的信息，如销售利润率、资金周转率、投资收益率，为提高经济效益服务。在现实生活中，有些会计人员，只顾产值产量，不顾经济效益；只算死账，不算活账；只能按制度办事，不善于按效益处理；只管合"法"，不大考虑合"理"等，这些现象应予以改变。

（三）如实反映，正确核算

反映经济活动，是会计的基本职能。进行会计核算，是会计机构、会计人员的主要职责。反映与核算是会计工作的中心任务，是管理活动的基础性工作，是考核各企业、单位工作质量的主要手段。会计通过如实反映，正确核算，提供真实可靠的数据与信息，就能协助企业做好经营决策，有效加强企业管理与经管，提高经济效益，反之失真的数据与信息，将会导致错误判断，决策失误，给国家、人民财产带来极大的损失。

"如实反映，正确核算"，要求会计人员具备诚实可靠的品质。诚实，就是要求为人处事诚恳真实，要讲真话，做真事，不欺骗，不说谎，对己对人对上下级都不掩盖事实真相，要有闻过则喜的胸怀，培养知错必改的习惯，敢于开展批评和自我批评。可靠，就是要洁身自爱，处事公正清廉，始终把握好自己，不为任何利诱所动。实事求是地做好本职工作，提供真实可靠的会计资料，切不可"掺水分""加盐添醋""偷工减料"。现实中的"书记成本""厂长利润""经理效益"与这一要求相违背。

为了真正达到如实反映，正确核算，具体要求会计人员在实务工作中要做到：

（1）对于会计记录必须以经济业务发生的原始凭证为唯一依据进行账务处理，要做到手续完备，内容真实，账目清楚，无凭证不得记账。

（2）采用科学、实用的方法，日清月结，做好资产负债记录、成本计算、财产计价、收益确认、费用分摊、利润分配和报表编制等工作。

（3）定期进行财产清查，保证账表、账实、账证、账卡相符。

（4）对于会计账表不能全面反映的事实，应加以文字说明和辅助资料等予以补充表示。

（5）会计人员不得弄虚作假，制造假账，谋取私利；也不得为了集团和地区利益，虚列收入，假记成本，乱挤乱摊，随意炮制利润，偷税漏税，损害国家和人民的利益。

（四）遵纪守法，严格监督

遵纪守法是每个公民应尽的义务和责任。当前，会计工作也面临着全面实施法治的任务。第三次修订发布的《中华人民共和国会计法》已于 2000 年 7 月 1 日正式实施。作为会计人员必须以身作则，严格遵守国家的财经法律和财务制度，贯彻执行国家的法律规定，如《合同法》《企业法》《税法》，特别是《会计法》《注册会计师法》《审计法》等，牢牢树立会计法治的思想，使会计工作早日走上全面法治的轨道。

严格监督，就是指通过会计工作对每一个单位的经济活动进行监督，使之符合法律的条款和规定的要求，达到预定的目标。具体来说，就是要求会计人员运用会计方法、会计手段和会计资料对本单位的经济活动进行严格的事前、事中和事后的监督。为了做到严格监督，会计人员必须培养自己具有公正、客观的品质和忠于职守的精神，从国家和人民利益出发，以有关政策和法规为标准，不带任何成见和偏见去开展会计工作。实施严格监督，更为重要的是会计人员必须从自己做起。具体要求是：

（1）自觉遵守财经纪律和经济法规，于人于己都必须坚持原则，大公无私，不谋私利。

（2）积极主动地学习财经法规和制定管理制度，使有关人员了解、掌握并自觉遵守。

（3）在工作中严格把守关口，从实际出发，善于区别各种情况，宽严结合。进行严格控制，最后必须落实到实处。要积极支持促进生产，搞活流通，开发财源的一切合理、合法开支，坚持抵制违反财经纪律、偷税漏税、铺张浪费、假公济私、行贿受贿、贪污盗窃等不道德的行为，不怕打击报复，维护会计人员的尊严，忠实地履行法律所赋予的权利和义务，以促进社会主义市场经济健康地发展。

（五）厉行节约，勤俭理财

"厉行节约，勤俭理财"规范要求会计人员把厉行节约、勤俭理财看作自己义不容辞的职责，以主人翁的姿态在自己的岗位上科学合理地计算、控制人力、财力、物力的消耗，十分注意节约，尽可能为国家创造和积累更多的物质财富。会计人员做到勤俭理财，要求：

（1）培养自己节俭的品质，强调节俭品质。

（2）应摒弃在勤俭理财上的旧观念。以往把勤俭理财总是局限在节制消费支出上，把消费视作勤俭的对立面，把消费等同为浪费，这是不对的。

（3）会计人员在管理上要正确对待挣钱、花钱问题。

（六）大胆改革，讲究效益

"大胆改革，讲究效益"是社会主义会计道德的重要规范。这要求会计人员做到以下几点：

（1）要解放思想，这是进行会计改革的前提。改革需要勇气，而勇气来自思想的解放。会计人员要冲破左倾思想和平均主义思想的束缚，一切从实际出发，理论联系实际，不唯上、不唯书，只唯实，在会计实践中探索中国管理改革的道路。

（2）要关心、研究会计改革，更要投身、推动会计改革。会计是经济与管理工作的基础，是反映经济运行的以提供财务信息为主的经济信息系统。会计工作涉及面很广，进行会计改革必然会影响社会生活的各个方面。改革的阻力也会很大。会计人员要冲破阻力，知难而进。同时随着经济体制改革的深化和会计的新问题、新情况的出现，会计人员要认真去发现、研究、解决，以全面推进改革。

要树立重视效益的思想，讲究时间、效率战略。效率战略是以最低的劳动消耗创造更可能多的物质财富；时间战略是要求在保证效益的前提下以最短的时间、最快的速度去创造最高价值。效率与时间相辅相成，效率中本身就有时间的规律性，时间是检验效率的标准之一。会计人员必须有强烈的效率、时间意识。会计人员自己要科学地支配时间，还要考核其他人员对时间的合理利用，力争高效率地做好会计工作。在主张重视效益时，我们还要坚持道义的原则，体现两个文明建设一起抓的精神。道义与效益的关系在于：我们所追求的效益是有道义的效益，道义则是实现最佳效益的动力。一旦道义与效益发生矛盾，首先应该考虑的是道义。符合道义的经济效益才是我们追求的目的。

课堂实训

任务：现场自制情景剧，情节自拟，主要凸显此情境中会计应遵守的职业道德准则。

第三节　信息从业人员职业道德规范

职场思考

近年来,公民的个人信息早已成为商品,如在一家"企业名录吧"上,个人信息随意被贩卖:深圳业主银行账户目录;×××公司集团客户、金牌客户名单;××大学MBA总裁班名单……只要你想得到、用得着的名单和电话号码,几乎都可以从这个网站上,或者其他一些售卖个人信息的网站上买到。个人隐私信息,就这样在网络上被交易着。

当前,个人信息泄露已成一大公害。随着现代信息技术的迅猛发展,个人信息安全所受到的威胁和侵害越来越多。日前,由上海社科院信息研究所及社会科学文献出版社共同推出的首部网络空间安全蓝皮书《中国网络空间安全发展报告(2015)》指出,国内外个人信息泄露事件频发,非法采集、窃取、贩卖和利用网络个人信息的黑色产业链不断成熟壮大,呈现产业化、集团化、跨境化、智能化的趋势,已经成为社会各界广泛关注的重大社会现实问题。

理论提升

一、自觉提高道德自律意识

所谓道德自律,即作为道德主体的人在理性、良知的指导下对社会道德准则认知的一种自我约定,是道德主体对行为的一种自由自主的选择和责任。他强调的是人的自觉意识、理性的选择、自我责任。信息网络上的自由,尤其要求信息工作者不断强化自律意识。做到不利用电脑网络发泄个人私欲,不传播腐蚀、肮脏的黄色信息,自觉地抵制有违人类伦理精神、有害社会道德风尚的信息。

二、尊重他人的知识产权

信息从业人员在使用计算机软件或数据时,应遵照国家有关法律规定,尊重其作品的版权,这是使用计算机的基本道德规范。具体要求是:
(1) 使用正版软件,坚决抵制盗版,尊重软件作者的知识产权。
(2) 不对软件进行非法复制。
(3) 不要为了保护自己的软件资源而制造病毒保护程序。
(4) 不要擅自篡改他人计算机内的系统信息资源。

三、自觉保守各种机密

信息是信息社会的宝贵资源，信息竞争加剧也成为信息社会的重要特征之一。这就要求信息工作者必须增强保密意识，提高信息保护的自觉性。

（1）自觉保护国家信息。

（2）自觉保护企业信息。

四、自觉尊重，保护个人隐私

个人隐私是指不想让他人知道的信息，自然是不宜在网络上任意传播的信息。这就要求信息工作者必须尊重他人的隐私权，在未经许可的情况下，除法律规定外，不可以用信息网络公开传播他人信息。这些信息主要包括：

（1）敏感信息，如生理与心理特征、宗教信仰、政治态度等。

（2）顾客信息，如工资收入、个人财产、家庭构成、消费倾向等。

（3）信用信息，如储蓄、国债、保险、信贷、纳税情况等个人金融信息。

▶ 案例

王菲经纪人发声明怒斥侵犯个人隐私

2015年4月20日晚，王菲经纪人陈家瑛发声明，针对近日王菲相关个人信息被"全民星探"公开传播一事，斥责其不顾职业操守，侵犯王菲个人隐私。声明称：本公司受王菲女士委托，对昨天"全民星探"微博及APP公布王菲女士在北京房地产交易中心的个人信息的侵权行为发表如下严正声明。王菲女士就个人财产等做出处置是属于极度隐私的个人事务，但昨天"全民星探"微博及APP不顾媒体应有的职业操守，将纯属个人隐私的事务未经本人允许即公开传播，严重侵犯了王菲女士的隐私权，并已对王菲女士的正常生活造成极大困扰。在此敬告"全民星探"微博、APP及其幕后团队，同时呼吁各界媒体，对于恶意刺探及传播隐私的"全民星探"微博、APP及其幕后团队，涉嫌私下向有关媒体提供照片的北京房地产交易中心的个别工作人员，我们已委托律师收集相关证据，保留追究法律责任的权利。

（中国新闻网）

五、自觉提高防范意识

信息工作人员要采取预防措施，在计算机内安装防病毒软件；要定期检查计算机系统内文件是否有病毒，如发现病毒，应及时用杀毒软件清除；维护计算机的正常运行，保护计算机系统数据的安全；被授权者对自己享用的资源负有保护责任，口令密码不得泄露给外人。

课堂实训

任务：搜集与分享身边信息泄露的案例，结合本堂所学知识，谈谈如何提高自身信息素养。

第四节　国家公务员职业道德规范

引例思考

某省外事办一工作人员李某2月份因公出国，后无任何理由逾期不归。在年底时（12月1日）李某回国，来到其所在单位被告知外事办已经将其开除，李某认为机关对其做出的处分不合理，决定向有关部门提出申诉。

问题：

（1）外事办对李某的处分是否符合有关的程序规定，为什么？

（2）李某应该向哪个部门或机关提出申诉？

（3）公务员提出申诉的时间限制是多长，本案例中李某具体应当在何时以前提出申诉？

理论提升

国家公务员职业道德规范，是国家公务员在任职期间应当遵循的职业道德行为准则。其职业道德最基本的原则是全心全意为人民服务。其最主要的规范是：

一、忠于职守

它既是公务员与国家和政府关系的本质体现，也是公务员思想、行为、作风等各方面的最主要的道德规范。国家公务员是中央和地方各级人民政府行使国家行政权力、执行国家公务、实施国家行政行为的主体。这个根本属性决定了公务员必须忠于职守、勤奋工作，以高度的社会责任感去从事行政管理工作。

二、实事求是

实事求是，一切从实际出发。这是公务员在行使行政管理权力，执行公务时必须遵循的又一主要的职业道德行为规范。公务员肩负着上传下达以及管理政务的重任，要使政策"从群众中来又到群众中去"，真正反映人民的意志，首要的是一切从实际出发，忠于事实，尊重客观规律。只有这样才能从中得出事物中固有的而不是臆造的规律性，才能制定出合乎实际的政策，否则就会贻误社会主义建设事业，损害人民的利益。

实事求是，就是要说实话、办实事，做老实人。敢说实话的公务员往往敢于面对现实，不回避现实，不哄骗上级，不欺骗人民群众，勇于道出事实的真相；发现上级领导的缺点和错误，敢于理直气壮提出批评。也正因为这样，敢说实话的公务员最终总是得到群众的好评和赞扬。办实事，是要求公务员尤其是担任领导职务的公务员必须以全心全意为人民服务为出发点，想方设法为人民多办实事，真正做到"为官一任，造福一方"。切戒那种为了摆花架子、做表面文章而不惜劳民伤财的投机取巧行为。说实话、办实事，做老实人的根本要求就是"不唯书、不唯上、只唯实。"那种"干部出数字，数字出干部"的虚报浮夸、弄虚作假的作风无法持续。

三、清正廉洁

清正廉洁是指一身正气、两袖清风、洁身自好，不贪财，不利用职务和工作的便利中饱私囊，不利用职权索贿受贿、贪赃枉法。清正廉洁的职业道德规范既是公务员公正无私执行公务的需要，也是消除政府机构腐败现象的重要保证。

公务员的职能是执行公务，职责是代表国家依法组织和管理国家的事务，维护国家和公众的利益。公务员要真正做到以一心为公，全心全意为人民服务为标准去执行公务，就必须保持洁身自好、清正廉洁。因为只有遵守清正廉洁的行为规范，公务员执行公务时才能理直气壮、公道正派。

清正廉洁的对立面就是贪污腐败。古人云："不受曰廉，不污曰洁"正是如此。因此，公务员不坚持清正廉洁就必然会导致贪污腐败。而政治上的贪污腐败可直接危及党和国家的利益。我国是人民当家做主的社会主义国家，公务员不分职务大小都是人民的公仆，政府机关不分权力的大小都是人民的政府，绝不容许贪污腐败。当前出现的个别行政机关和个别公务员，经受不起考验，走上了以权谋私，假公济私，搞权钱、权色交易的违法犯罪道路。既危害了国家和人民群众的利益，损害了政府机关的形象，又违背了公务员的职业道德规范。由此可见，坚持公务员清正廉洁的道德行为规范是清除政府机关腐败现象的根本保证。各级公务员必须严格按照习总书记提出的"自重、自省、自警、自励"的要求去规范自己的行为，确保公务员队伍永远清正廉洁。

四、勤俭节约

生活上艰苦朴素，勤俭节约，反对奢侈和浪费，这是中华民族世代相传的美德，也是我们党的优良传统。因此，保持和发扬艰苦奋斗精神，坚持勤俭节约原则理所当然应该是公务员职业道德规范的重要内容。

一方面，公务员应该成为人民群众艰苦奋斗、勤俭节约的表率。另一方面，我们党的性质和肩负的历史使命决定了作为人民公仆的公务员必须具备艰苦奋斗、勤俭节约的职业道德行为规范。只有这样，才能切实保证公务员用好人民给予的权力，从而精打细算，把有限的财力和物力真正用到为人民谋福利的刀刃上，不浪费一分钱，不白耗一颗米。有了艰苦奋斗、勤俭节约这个"法宝"，就能使公务员保持"两袖清风"的淡泊之节，真正成为人民的公仆，就能使我们的政府永远是人民的政府，是为人民服务的政府。反之，如果公务员一味追求享受，贪图安逸，唯利是图，其结果只能是损害公务员的声誉，丧失人民群众的信任，甚至走上犯罪的道路。

课堂实训

任务：搜集国家关于公务员职业道德建设的理论成果，拜访并学习身边优秀公务员的先进事迹。

本 章 小 结

金融行业从业人员包括银行从业人员、保险从业人员和证券从业人员。其中，银行职业道德规范是：忠于职守；严守信用；廉洁奉公；竭诚服务；顾全大局。保险业管理人员的职业道德规范是：诚实守信，敬业奉献；顾客至上，优质服务，遵纪守法，秉公廉洁；科学管理，创新工作；顾全大局，团结互助。保险理赔人员的职业道德规范是：信誉第一，准确理赔；主动热情，快速理赔；秉公守法，不以赔谋私；遵纪守法，敢于斗争。证券从业人员职业道德规范是正直诚信；勤勉尽责；廉洁保密；自律守法。

会计从业人员应当明确并自觉遵守会计职业道德规范。会计职业道德规范是：尽职尽责，勤奋工作；当好参谋，参与管理；如实反映，正确核算；遵纪守法，严格监督；厉行节约，勤俭理财；大胆改革，讲究效益。

信息从业人员职业道德规范是：自觉提高道德自律意识；尊重他人的知识产权；自觉保守各种机密；自觉尊重，保护个人隐私；自觉提高防范意识。

国家公务员职业道德规范是：忠于职守；实事求是；清正廉洁；勤俭节约。

素 质 拓 展

活动：培养责任感

（一）活动目的
（1）培养学生的责任感。
（2）增进学生彼此的信任与协作。
（二）活动过程
选择一片空地，中间放置一个高度为 1.5～1.8 米的平台（也可以用梯子或者树桩代替）。

要求所有学生在参加活动前摘下手表、戒指、带扣的腰带或其他的尖锐物件，并把衣兜掏空。

1. 准备

挑选两名学生，站在平台上。其中一名准备从平台往下跌落，另一名担任监护员。其余同学作为救护员，在平台前排成两列。队列与平台形成一个合适的角度（如垂直于平台前沿）。他们的共同任务是承接跌落者。

进行承接的救护员必须按照从低到高、肩并肩地排成两列，相对而立；保持向前伸直胳膊、掌心朝上的姿态，形成一个安全的承接区。但是不能同对面队友拉手，也不能抓住对方的胳膊或者手腕。

2. 监护员职责

监护员要负责整个活动进程。监护员的首要职责是保证跌落者正确倒下，直接倒在两列队员中间的承接区。跌落者双手贴近大腿两侧，始终挺直身体，必须背对承接队列向后倒。

监护员要负责查看承接队列是否按照个头高低或者力气大小均匀排列了。必要时，要让队员重新排队。

3. 活动进程

跌落者要听监护员的指挥，听到监护员发出喊声"倒"才可以按照规定的方式向后倒下去。

队列前部的承接员接住跌落者后，把他安全地传到队尾。

队尾的两名承接员要始终抬着跌落者的身体，直到他双脚着地。

4. 角色转换

每当跌落者站在承接队伍尾部时,开始角色转换。刚才的跌落者及其监护员变为队尾的承接员,靠近平台的两名承接员变成台上新的跌落者和监护员。如此循环,让每个同学都有机会充当跌落者。

每一对跌落者和监护员要安排互换,以便分别体验两种角色的感受。

(三) 问题与讨论

(1) 在参与活动之前,你对此活动有何认识?

(2) 在参与活动之后,你对此活动有何感受?

(3) 作为跌落者,当在平台上听到口令往后倒时,你有何感想?

(4) 监护员应该具备什么样的职业意识?

第十章

银行职业道德具体准则

学习目的和要求

- 了解银行业从业人员职业操守
- 理解临柜人员、客户经理和管理人员相应的道德规范的具体要求
- 结合对各条准则的掌握和对案例分析的理解,在实际工作中自觉实践,将理论学习和实际工作结合起来

银行业务涉及社会经济活动的方方面面,近年来,中国银行业在各方面取得了长足的进步,但是要使其服务质量和水平有更快的提升,就必须使其从业人员具有良好的职业道德和操守。银行从业人员分为临柜人员、客户经理和管理人员,在社会活动中应当遵循《银行业从业人员职业操守》所规定的职业道德具体准则。

第一节 临柜人员职业具体准则

职场思考

赵某以前是甲银行某部门的业务骨干,考虑到薪酬待遇,他跳槽到了乙银行工作。他在临走前三个月的时候,利用甲银行的管理漏洞,故意将自己所掌握的客户资料与相关信息全部提前转移,藏匿在自己家中,同时采取其他手段和方法大量搜集、整理同事手中掌握的相关工作资料以及客户信息。乙银行的领导见赵某携带大量有价值的商业秘密和客户信息,十分高兴,将赵某安排到了重要的领

导岗位，还为他开出了不菲的薪酬。

点评：赵某在离职过程中，对甲银行负有忠诚的义务和保守商业秘密的义务，并不会因离职而发生改变。赵某在离职过程中的一系列不合理行为，表明他的职业操守大有问题，违背了《银行业从业人员职业操守》对从业人员的诸多规定。

理论提升

一、礼貌待人

《银行业从业人员职业操守》第十八条要求：银行从业人员在接洽业务过程中，应当衣着得体、态度稳重、礼貌周到。对客户提出的合理要求尽量满足，对暂时无法满足或明显不合理的要求，应当耐心说明情况，取得理解和谅解。

二、公平对待

《银行业从业人员操守》第十九条要求：银行业从业人员应当公平对待所有客户，不得因客户的国籍、肤色、民族、性别、年龄、宗教信仰、健康或残障及业务的繁简程度和金额大小等方面的差异而歧视客户。对残障者或语言存在障碍的客户，银行业从业人员应当尽可能为其提供便利。但根据所在机构与客户之间的契约而产生的服务方式、费率等方面的差异，不应视为歧视。

▶ **案例**

老李经营一个蔬菜摊点，每日有大量零钞进账。一般情况下，老李都会在第二天上午将前一日的营业收入送到银行点钞入账。

有一段时间，因家中事情耽搁，老李有半个月未到银行点钞入账，集聚了一大包零钞、硬币。等老李空闲下来，到银行柜台存款，柜台人员小刘非常不耐烦地以业务繁忙为由，要求老李到一边等候，等她把其他一些客户的业务办理完了再做处理。老李在银行等候了3个多小时，临下班前，小刘开始很不耐烦地为老李点钞，言语中充满了对这种小业务的不屑一顾。

点评：小刘因业务的烦琐而对客户有所怠慢，且言语之中不耐烦，完全违反了银行公平对待客户的基本服务理念，违反了职业操守的规定。

三、客户投诉

《银行业从业人员职业操守》第二十六条要求：银行业从业人员应当耐心、

礼貌、认真处理客户的投诉，并遵循以下原则：

（1）坚持客户至上、客观公正原则，不轻慢任何投诉和建议；

（2）所在机构有明确的客户投诉反馈时限，应当在反馈时限内答复客户；

（3）所在机构没有明确的投诉反馈时限，应当遵循行业惯例或口头承诺的时限向客户反馈情况；

（4）在投诉反馈时限内无法拿出意见，应当在反馈时限内告知客户现在投诉处理的情况，并提前告知下一个反馈时限。

▶ 案例

邓某通过网上银行缴纳了移动电话费，几天后，他到银行柜台要求打印发票用于报销，但银行网点却无法打印，具体原因不明。邓某为此致电该银行客户服务中心，客服中心的回答是让营业网点解决。邓某再次来到营业网点，操作人员尝试了数次，发现仍然能查到缴费记录，却无法打印发票，于是，让邓某找其支行的大堂经理。大堂经理尝试数次仍无法解决，遂告知邓某需要上报总部。邓某很着急，告知其急需发票报销，大堂经理遂让邓某先回去，他们会向总部反映情况。在邓某要求在有反馈信息之后给他打电话时，对方很不耐烦地告知："我们忙得不得了，不可能为某一个客户的事情专门打电话。"并要求他隔两天再来一趟，看是不是有结果。

此后，邓某每隔两三天就去支行一趟，结果均是无功而返。而营业网点工作人员总是将问题向上推，甚至建议让邓某直接去找总部。

点评：营业网点工作人员严重缺乏服务意识，对客户提出的问题和投诉建议没有做出应有的反应，这与职业操守的规定是背道而驰的。

四、尊重同事

《银行业从业人员职业操守》第二十七条要求：银行业从业人员应当尊重同事，不得因同事的国籍、肤色、民族、年龄、性别、宗教信仰、婚姻状况或身体健康或残障而进行任何形式的骚扰和侵害。禁止带有任何歧视性的语言和行为。尊重同事的个人隐私。工作中接触到同事个人隐私的，不得擅自向他人透露。尊重同事的工作方式和工作成果，不得不当引用、剽窃同事的工作成果，不得以任何方式予以贬低、攻击、诋毁。

五、团结合作

《银行业从业人员职业操守》第二十八条要求：银行业从业人员工作中应当

树立理解、信任、合作的团队精神，共同创造，共同进步，分享专业知识和工作经验。

六、离职交接

《银行业从业人员职业操守》第三十二条要求：银行业从业人员离职时，应当按照规定妥善交接工作，不得擅自带走所在机构的财务、工作资料和客户资源。在离职后，仍应恪守诚信，保守原所在机构的商业秘密和客户隐私。

七、爱护机构财产

《银行业从业人员职业操守》第三十四条要求：银行业从业人员应当妥善保护和使用所在机构财产。遵守工作场所安全保障制度，保护所在机构财产，合理、有效运用所在机构财产，不得将公共财产用于个人用途，禁止以任何方式损害、浪费、侵占、挪用、滥用所在机构的财产。

八、费用报销

《银行业从业人员职业操守》第三十五条要求：银行业从业人员在外出工作时应当节俭支出并诚实记录，不得向所在机构申报不实费用。

九、交流合作

《银行业从业人员职业操守》第四十条要求：银行业从业人员之间应通过日常信息交流、参加学术研讨会、召开专题协调会、参加同业联席会议以及银行业自律组织等多种途径和方式，促进行业内信息交流与合作。

十、接受监管

《银行业从业人员职业操守》第四十三条要求：银行业从业人员应当严格遵守法律法规，对监管机构坦诚和诚实，与监管部门建立并保持良好的关系，接受银行业监管部门的监管。

课堂实训

活动：临柜人员职业道德训练与养成

要求：

（1）课下搜集关于"银行临柜人员的一天"的视频，感悟他们专业的工作能力和素养。

(2) 认真阅读以下资料，并结合如下提供的理论资源自制小型表演秀。

小李是某银行柜台操作人员。其所在银行规定，每天16：30停止对外营业，进行内部账目核对、点钞等工作。

某日下午16：00在小李的窗口前仍有10位客户排队等候，且陆续有新客户的加入。同事小张提醒小李道："应该告知客户即将停止营业的情况。"但小李毫不理会。到16：30，仍有8名客户在排队等候。小李在不作任何解释的情况下，将暂停服务的告示牌放在柜台上，并示意让客户明天再来。部分客户非常着急，希望小李能够给予通融。小李生硬地回绝道："我们行里规定16：30停止营业，我不能再办理业务。"事后，一些客户向小李所在支行进行了投诉。

思考：(1) 小李违背了哪些基本的职业道德规范？
(2) 所在支行接受投诉时应该遵循什么样的原则？
(3) 临柜人员最基本的职业道德规范的系统内容你了解多少？

第二节　客户经理职业具体准则

职场思考

某银行因近年来业务量呈下降趋势，决定开展公众欢迎的理财业务以扩充储蓄业务。但在开展理财业务的过程中，该银行高层却不愿储蓄业务受到负面影响。于是，为迎合领导需要，客户经理沈某设计出了一种新型的理财产品：以9万元为起点，上不封顶，为期3年，到期时回报率保证不低于5%。但是，所有客户的理财金额中的1/3必须存入客户在该行开立的定期存款账户。由于该行许诺的预期收益率远远高于同期储蓄存款利率，附近居民纷纷购买该理财产品。

点评：案例中沈某的行为是不当的。中国银行业监督管理委员会《商业银行个人理财业务管理暂行办法》规定，商业银行不得利用个人理财业务，违反国家利率管理政策进行变相高息揽储。中国银行业监督管理委员会《商业银行个人理财业务风险管理指引》也规定，未经客户书面许可，商业银行不得擅自变更客户资金的投资方向、范围或方式。沈某所设计的理财产品，一是违反国家利率管理政策变相高息揽储；二是擅自改变客户资金投向。因此，沈某的行为构成违规，为所在机构带来合规风险。

理论提升

一、熟知业务

《银行业从业人员职业操守》第十条要求：银行业从业人员应当加强学习，不断提高业务知识水平，熟知向客户推荐的金融产品的特性、收益、风险、法律关系、业务处理流程及风险控制的框架。

二、监管规范

《银行业从业人员职业操守》第十一条要求：银行业从业人员在业务活动中，应当树立依法合规意识，不得向客户明示或暗示诱导客户规避金融、外汇监管规定。

三、风险提示

《银行业从业人员职业操守》第二十条要求：向客户推荐产品或提供服务时，银行业从业人员应当根据监管规定要求，对所推荐的产品及服务涉及的法律风险、政策风险以及市场风险等进行充分的提示，对客户提出的问题应当本着诚实信用的原则答复，不得为达成交易而隐瞒风险或进行虚假或误导性陈述，并不得向客户做出不符合有关法律法规及所在机构有关规章的承诺或保证。

四、信息披露

《银行业从业人员职业操守》第二十一条要求：银行业从业人员应当明确区分其所在机构代理销售的产品和其所在机构自担风险的产品，对所在机构代理销售的产品必须以明确的、足以让客户注意的方式向其提示被代理人的名称、产品性质、产品风险和产品的最终责任承担者、本银行在本产品销售过程中的责任和义务等必要的信息。

五、授信尽职

《银行业从业人员职业操守》第二十二条要求：银行业从业人员应当根据监管和所在机构风险控制的要求，对客户所在区域的信用环境、所处行业情况以及财务状况、经营状况、担保物的情况、信用记录等进行尽职调查、审查和授信后管理。

六、协助执行

《银行业从业人员职业操守》第二十三条要求：银行业从业人员应当熟知银行承担的依法协助执行的义务，在严格保守客户隐私的同时，了解有权对客户信息进行查询、对客户资产进行冻结和扣划的国家机关，按法定程序积极协助执法机关的执法活动，不泄露执法活动信息，不协助客户隐匿、转移资产。

七、礼物收、送

《银行业从业人员职业操守》第二十四条要求：在政策法律及商业习惯允许范围内的礼物收、送，应当确保其价值不超过法规和所在机构规定允许的范围，且遵循以下原则：

（1）不得是现金、贵金属、消费卡、有价证券等违反商业习惯的礼物；

（2）礼物收、送将不会影响是否与礼物提供方建立业务联系的决定，或使礼物接受方产生交易的义务感；

（3）礼物收、送将不会使客户获得不适当的价格或服务上的优惠。

八、忠于职守

《银行业从业人员职业操守》第三十条要求：银行业从业人员应当自觉遵守法律法规、行业自律规范和所在机构的各种规章制度，保护所在机构的商业秘密、知识产权和专有技术，自觉维护所在机构的形象和声誉。

九、相互尊重

《银行业从业人员职业操守》第三十九条要求：银行业从业人员之间应当互相尊重，不得捏造、传播有关同业人员及同业人员所在机构的谣言，或对同业人员进行侮辱、恐吓和诽谤。

十、同业竞争

《银行业从业人员职业操守》第四十一条要求：银行业从业人员应当坚持同业间公平、有序竞争原则，在业务宣传、办理业务过程中，不得使用不正当竞争手段。

十一、商业保密与知识产权保护

《银行业从业人员职业操守》第四十二条要求：银行业从业人员与同业人员

接触时，不得泄露本机构客户信息和本机构尚未公开的财务数据、重大战略决策以及新的产品研发等重大内部信息或商业秘密。银行业从业人员与同业人员接触时，不得以不正当手段刺探、窃取同业人员所在机构尚未公开的财务数据、重大战略决策和产品研发等重大内部信息或商业秘密。银行业从业人员与同业人员接触时，不得窃取、侵害同业人员所在机构的知识产权和专有技术。

▶ 案例

张某是一家商业银行的客户经理，工作经验丰富，积极进取，希望谋取更高职位，一个偶然的机会他从某个渠道了解到，与自己所在银行形成强大竞争力的另一家投资银行悬赏奖励获得自己所在银行重大战略投资信息的人，规定只要获得该商业银行的重大商业信息，将支付巨大的奖励。张某心想，自己不费吹灰之力就可以获得自己所在银行的这些商业信息，从而可以大捞一笔。打定主意后，他经人介绍，和那个投资银行的管理者取得了联系，双方熟识后，他将自己的想法告诉了那位管理者，该管理者明白张某的意思且同意了他的想法，张某便用早已准备好的数码相机，将自己办公室有关该战略投资方向的相关资料全部拍下，然后，转交给该投资银行，当然，张某也获得了预期的回报。

点评：显然，张某的行为是不当的，未做到《银行业从业人员职业操守》所规定的保守商业秘密的要求，而与其单位竞争的银行的那位管理者的行为也是不恰当的，属于有意窃取商业秘密的行为。张某的行为将会对其所在银行造成重大损失，涉嫌犯罪，而与其单位竞争的银行的那位管理者也将受到道德的谴责和法律的制裁。

课堂实训

由学生开展一场关于客户经理职业道德规范的知识讲座，要求如下：
(1) 内容全面系统。
(2) 形式多样，可以增设案例分析。
(3) 增加同学间的互动环节。

第三节 管理人员职业具体准则

职场思考

张某为某银行分行中层管理人员。分行人事部门每年招聘时均会聘请张某担任面试官。张某外甥女今年大学毕业,欲进本银行会计部门,张某没有向人事部门披露。其外甥女面试的那天,经过张某的努力,其外甥女被顺利招聘进该银行分行会计部门。

点评: 虽然张某的外甥女可能符合银行用人条件,且如果没有张某的参与,也可能被分行录用,但其不披露利益冲突,且不申请回避的行为明显违背了银行业从业人员的职业操守,并使其外甥女的受聘资格受到质疑。

理论提升

一、岗位职责

《银行业从业人员职业操守》第十二条要求:银行业从业人员应当遵守业务操作指引,遵循银行岗位职责划分和风险隔离的操作规程,确保客户交易安全,做到:

(1)不打听与自身工作无关的信息;

(2)除非经内部职责调整或经过适当批准,不为其他岗位人员代为履行职责或将本人工作委托他人代为履行;

(3)不得违反内部交易流程及岗位职责管理规定将自己保管的印章、重要凭证、交易密码和钥匙等与自身职责有关的物品或信息交与或告知其他人员。

二、信息保密

《银行业从业人员职业操守》第十三条要求:银行业从业人员应当妥善保存客户资料及其交易信息档案。在受雇期间及离职后,均不得违反法律法规和所在机构关于客户隐私保护的规定,透露任何客户资料和交易信息。

▶ **案例**

银行管理人员往往都掌握着很多客户的私人信息和财产信息,小李是某银行市场管理人员。他的一位朋友是市场营销人员,需要和大量的市场客户打交道,经常为找不到客户而犯愁。小李出于对朋友的同情和帮助,违反银行的有关规定,私自将自己所掌握的大量银行客户的私人信息提供给了自己那位朋友,并且还将自己熟悉的客户情况利用聊天的机会一一讲给这位朋友听。于是,小李的朋友充分利用小李给他的这些资料,开辟出了很大的客户市场,并对小李十分感谢。

点评: 根据《银行业从业人员职业操守》的有关规定,"银行业从业人员应当妥善保存客户资料及其交易信息档案。在受雇期间及离职后，均不得违反法律法规和所在机构关于客户隐私保护的规定，透露任何客户资料和交易信息。"这一案例中，小李因为自己的一己私利而将客户的隐私信息随意透露给他人，其行为违反了《银行业从业人员职业操守》的相关规定。

三、利益冲突

《银行业从业人员职业操守》第十四条要求：银行业从业人员应当坚持诚实守信、公平合理、客户利益至上的原则，正确处理业务开拓与客户利益保护之间的关系，并按照以下原则处理潜在利益冲突：

（1）在存在潜在冲突的情形下，应当向所在机构管理层主动说明利益冲突的情况，以及处理利益冲突的建议；

（2）银行业从业人员本人及其亲属购买其所在机构销售或代理的金融产品，或接受其所在机构提供的服务之时，应当明确区分所在机构利益与个人利益。不得利用本职工作的便利，以明显优于或低于普通金融消费者的条件与其所在机构进行交易。

四、内幕交易

《银行业从业人员职业操守》第十五条要求：银行业从业人员在业务活动中应当遵守有关禁止内幕交易的规定，不得将内幕信息以明示或暗示的形式告知法律和所在机构允许范围以外的人员，不得利用内幕信息获取个人利益，也不得基于内幕信息为他人提供理财或投资方面的建议。

五、了解客户

《银行业从业人员职业操守》第十六条要求：银行业从业人员应当履行对客户尽职调查的义务，了解客户账户开立、资金调拨的用途以及账户是否会被第三方控制使用等情况。同时，应当根据风险控制要求，了解客户的财务状况、业务状况、业务单据及客户的风险承受能力。

六、反洗钱

《银行业从业人员职业操守》第十七条要求：银行业从业人员应当遵守反洗钱有关规定，熟知银行承担的反洗钱义务，在严守客户隐私的同时，及时按照所在机构的要求，报告大额和可疑交易。

▶ 案例

徐某为某支行行长，一直不重视反洗钱工作。因此，他并没有按照法律和内部要求设立专人负责反洗钱工作，也没有设立大额可疑交易报告制度。

李某的贸易公司在徐某所在支行开立了基本结算账户，是该支行的优质客户。实际上李某的公司一直从事非法交易，掌握了大量资金，并经常通过其在徐某所在支行开立的账户调拨资金，进行洗钱活动。由于该支行没有一个反洗钱工作机制，这些大额资金交易并没有上报。

某日，反洗钱监测中心向徐某所在支行发出协助调查通知。徐某才发现该贸易公司的大量资金调拨活动，遂上报反洗钱监测中心。反洗钱监测中心发现徐某所在支行上报的信息绝大多数都属于大额可疑交易，但此前该支行却并未上报过，于是对徐某所在支行进行了检查，发现徐某所在支行在反洗钱制度建设方面没有做过任何工作。

点评：徐某身为行长，未对反洗钱工作给予重视，既未按照法律要求设立反洗钱岗位，也未建立大额可疑交易报告制度，为洗钱行为的发生提供了方便之门。根据《中华人民共和国反洗钱法》以及中国人民银行的有关规定，徐某所在支行不仅将面临行政处罚，徐某本人也将失去在金融行业任职的资格。

七、娱乐及便利

《银行业从业人员职业操守》第二十五条要求：银行业从业人员邀请客户或应客户要求进行娱乐活动或提供交通工具、旅行等其他方面的便利时应当遵循以下原则：

（1）属于政策法规允许的范围以内，并且在第三方看来，这些活动属于行业惯例；

（2）不会让接受人因此产生对交易的义务感；

（3）根据行业惯例，这些娱乐活动不显得频繁，且价值在政策法规和所在机构允许的范围以内；

（4）这些活动一旦被公开将不至于影响所在机构的声誉。

八、兼职

《银行业从业人员职业操守》第三十三条要求：银行业从业人员应当遵守法律法规以及所在机构有关兼职的规定。在允许的兼职范围内，应当妥善处理兼职岗位与本职工作之间的关系，不得利用兼职岗位为本人、本职机构或利用本职为本人、兼职机构谋取不当利益。

九、配合非现场监管，举报违法行为

《银行业从业人员职业操守》第四十五条要求：银行业从业人员应当按监管部门要求的报送方式、报送内容、报送频率和保密级别报送非现场监管需要的数据和非数据信息，并建立重大事项报告制度。银行业从业人员应当保证所提供数据、信息完整、真实、准确。

▶ 案例

甲商业银行接到中国银行监督管理委员会的通知，要求该行提供上一年度的财务报表。由于自身管理存在许多明显问题，该行的管理人员为了隐瞒其管理漏洞和错误，指使该行的财务部门负责人王经理更改了许多数据，以虚假的财务报表上报银监会，企图欺骗监管部门、蒙骗过关。

点评：根据《银行业从业人员职业操守》的要求，银行业管理人员应当诚实，还应当配合非现场监管，举报违法行为，并向监管部门保证提供信息的完整性、真实性和准确性。而甲银行的这位管理人员却故意欺骗监管部门，其行为是不当的。

十、禁止贿赂及不当便利

《银行业从业人员职业操守》第四十六条要求：银行业从业人员不得向监管人员行贿或介绍贿赂，不得以任何方式向监管人员提供或许诺提供任何不当利益、便利或优惠。

▶ 案例

某股份制银行主管业务的副行长王某与监管官员张某私交不错。他知道张某和自己一样酷爱足球，恰逢当年在法国举办世界杯比赛，王某便让本单位为自己和张某安排了法国公务活动，事先购买了半决赛、决赛套票，预定了机票和房间。王某派人送给张某机票和球票，说这只是朋友间的正常交往，让张某放心接受。张某委婉谢绝，说世界杯决赛的球票再附上机票过于昂贵，即便是王某自己支付费用，鉴于自己的监管者身份，也无法接受。

点评：张某的做法是正确的。王某与张某是朋友的同时，两人还有监管与被监管的关系。王某赠送球票、机票的行为涉嫌行贿，数额较大时，甚至会构成行贿罪。

课堂实训

自主学习关于银行管理人员职业道德规范,并以小组为单位对自主学习的成果以小品的形式简要展示出来。

本章小结

银行临柜人员、客户经理和管理人员应当明确并自觉遵守《银行业从业人员职业操守》。银行临柜人员应努力做到在工作中礼貌服务、公平对待客户、妥善处理客户投诉、尊重同事、团结合作等具体准则;银行客户经理应努力做到熟知业务、对客户进行风险提示、做到授信尽职等要求;银行管理人员应做到在工作中反洗钱、信息保密、避免参与内部交易、自觉抵制贿赂和获得不当便利等。

附件 山西金融职业学院学生素质教育培养目标量化考核办法

第一章 考核宗旨

第一条 为深入落实《山西金融职业学院转型跨越发展指导意见》，践行"三位一体"人才培养模式，坚持以立德树人为根本，以社会主义核心价值体系和晋商精神为核心，努力把学生培养成为具有社会责任感、创新精神和实践能力的"知礼仪、守规矩、讲诚信、尊孝道、强技能、有特长"的金融领域高素质技术技能型人才，实现学校人才培养目标，特制订本考核办法。

第二章 考核内容及评分办法

第二条 学生素质教育培养目标量化考核围绕学校人才培养的六个目标，分块进行考核，具体由知礼仪（M1）、守规矩（M2）、讲诚信（M3）、尊孝道（M4）、强技能（M5）和有特长（M6）六部分内容构成。

第三条 学生素质教育培养目标量化考核每个模块的考核基数为100分，在此基础上根据具体考核内容和评分标准，增加或扣减相应的分数，得出该生每个考核模块的得分，之后将各个模块得分乘以相应的权重系数相加后即为该生的考核总分。具体计算公式为：

$$M = M_1 \times 10\% + M_2 \times 25\% + M_3 \times 15\% + M_4 \times 10\% + M_5 \times 30\% + M_6 \times 10\%$$

第三章 组织程序

第四条 学生素质教育培养目标量化考核应在学生处监督下、在各系部党总支的指导下，由各班辅导员和学生自主管理团队具体组织实施。考核工作从每学期开学的第二周开始，学期末汇总一次，考核结果各班在下学期开学后两周内出

附件　山西金融职业学院学生素质教育培养目标量化考核办法

榜公布。

第五条 量化考核应全面、真实的反映学生在校表现，考核应按照以下程序进行：

（一）班级计算

各班辅导员和学生自主管理团队要依照自己和各系值班教师对学生每天在知礼仪、守规矩、讲诚信、尊孝道、强技能和有特长六个方面的表现和成长，详细记录本班学生的日常表现。辅导员和学生自主管理团队每周要对全班学生的量化考核得分进行汇总，并在每周的班会上及时公布结果，广泛听取意见。对于学生提出的异议要进行解释，对合理意见要采纳，并认真核查和修正。每周的考核结果需经学生本人和辅导员签字，下周一前上报所在系部核查。

（二）系部核查

各系部要将每个班级的考核内容逐一进行核查，进一步落实考核结果，确保考核结果真实无误、公平公正后，将考核结果归档保存。同时，各系部要将每周的本系部所有学生的量化考核结果于下周二之前报学生处备案。

（三）学生处备案

每周二学生处将汇总的各系部学生的量化考核结果备案，作为审定学生入党、评优评先、评定奖助学金等的核查依据。

第四章 量化考核标准

第六条 学生素质教育培养目标量化考核各模块加、减分标准：

（一）知礼仪（M1）

1. 不尊重他人，与人交谈言语粗俗者，每次扣10分；
2. 休息时间大声喧哗，影响他人休息者，每次扣5分；
3. 看见师长不起立问好、点头、微笑者，每次扣10分；
4. 浓妆艳抹、奇装异服、衣不得体、光膀或穿拖鞋上课者，每次扣5分；
5. 有不按指定地点乱扔垃圾、乱涂乱画、踩踏和随意搬动桌椅、随地吐痰、踩踏草坪等不文明行为者，每次扣5分；
6. 在校园内乱贴小广告等宣传单，每次扣10分；
7. 公共场所男女过分亲昵、举止不当者，每次扣5分；
8. 不遵守公共秩序随意插队、起哄者，每次扣5分；
9. 不遵守网络道德规范，随意在网络上散布不良信息，传播他人隐私，传谣、侮辱或毁谤他人者，每次扣10分；

（二）守规矩（M2）

1. 进行反动言论宣讲、干扰和破坏公共秩序、打架斗殴、宿舍内私接电线、使用违规电器、未经批准留宿他人、酗酒赌博、散布谣言、浏览不健康网站者，每次扣10分；
2. 在教室、宿舍及校园内抽烟、酗酒者，每次扣10分；
3. 未经批准使用、损坏公物和最后离开教室、宿舍不关闭门窗、水电者，每次扣5分；
4. 校内劳动和宿舍值日，无故缺勤者，每次扣5分；
5. 在规定时间不回寝室在外逗留者，每次扣5分，夜不归宿者，每次扣10分；
6. 上课迟到、早退者，每次扣5分；
7. 旷课一节者，每次扣10分（包括升国旗、晚自习、早操、技能晨练等）；
8. 违反课堂（自习）纪律和考场秩序者，每次扣10分；

（三）讲诚信（M3）

1. 作业、论文和毕业设计等代写或抄袭者，每次扣10分；
2. 替他人考试或本人考试作弊者，每次扣10分；
3. 怂恿他人替自己或本人替他人应付完成工作者，每次扣5分；
4. 无正当理由，故意拖欠应缴纳的相关费用者，每次扣5分；
5. 故意侵占公共财物或他人财物者，每次扣10分；
6. 借钱不还或恶意透支信用卡者，每次扣5分；
7. 组织或参与网络刷单、校园贷或金融诈骗者，每次扣10分；
8. 开具虚假证明、骗取助学金评定资格者，每次扣10分；
9. 不及时更新个人信息、不按时偿还助学贷款者，每次扣10分；
10. 利用获得的助学金随意挥霍者，每次扣10分；
11. 不按时归还借阅图书者，每次扣10分；
12. 弄虚做假，为自己谋取私利者，每次扣10分；
13. 简历注水、夸大其词、荣誉造假者，每次扣10分；
14. 随意违约，不履行实习协议或就业合同者，每次扣10分；
15. 积极参与学校开展的各项诚信教育活动者，每次加2分。

（四）尊孝道（M4）

1. 热爱祖国，自觉维护国家荣誉和利益，出现侮辱、毁坏国旗，歪曲否认历史史实和革命先烈等有损国家形象行为者，每次扣20分；
2. 尊师爱校，积极展现金融学子风貌，出现诋毁和损害学校荣誉等行为者，每次扣10分；

3. 积极参与学校有关教育活动者，每次加 5 分；

4. 在父母生日和父亲节、母亲节给家长写信祝福和感恩者，每次加 5 分；

5. 每月定时和父母联系，表达对家人的关爱者，每次加 5 分。

（五）强技能（M5）

1. 每学期期末考试总成绩前 10 名的分别加计 10、9、8、……2、1 分；

2. 单科成绩第一名加计 3 分；

3. 点钞、五笔和小键盘录入达到学校合格标准，每项加计 10 分；

4. 凡参加各种技能比赛者加计 2 分，获得国家一、二、三等奖，分别加计 20 分、15 分、12 分；获得省级一、二、三等奖，分别加计 15 分、12 分、8 分；获得校内一、二、三等奖，分别加计 10 分、8 分、6 分；

5. 在校报和校园网发表文章和通讯稿件者，记者团学生每三篇加计 2 分，其余学生每篇加计 2 分，校外刊物发表文章和通讯稿件者加计 10 分；

6. 考取与学业课程有关且学校认可的职业技能资格证书计 10 分；

7. 每不及格一门课程扣 5 分。

（六）有特长（M6）

1. 参加学校组织的文艺演出者，加计 2 分，获得一、二、三等奖者，分别再加计 5 分、3 分、2 分；在活动策划和组织等方面有突出贡献的学生，经活动主办部门认定，酌情再加计 2～5 分；

2. 参加学校其它校园文化活动者，加计 2 分，获得一、二、三等奖者，分别再加计 5 分、3 分、2 分；在活动策划和组织等方面有突出贡献的学生，经活动主办部门认定，酌情再加计 2～5 分；

3. 凡参加学校组织的校外文化活动和社会实践者，加计 3 分，获得一、二、三等奖者，分别再加计 7 分、5 分、4 分；在活动策划和组织等方面有突出贡献的学生，经活动主办部门认定，酌情再加计 2～5 分；

4. 校内运动会参加者加计 2 分，获得一、二、三等奖者，分别再加计 5 分、3 分、2 分，破记录者加计 10 分；凡参加省级运动会者加计 3 分，获得一、二、三等奖者，分别再加计 10 分、8 分、6 分，破记录者加计 15 分；凡参加国家级运动会者加计 5 分，获得一、二、三等奖者，分别再加计 20 分、18 分、15 分，破记录者加计 30 分。分值加计取最高分，不重复计算；

5. 校内各种体育活动参加者加计 1 分，获得一、二、三等奖者，分别再加计 4 分、3 分、2 分；凡参加校外比赛者加计 2 分，获得一、二、三等奖者，分别再加计 5 分、4 分、3 分；

6. 各类比赛中不服从裁判者，每次扣 5 分；

7. 各类比赛中不讲风格，不讲团结，徇私舞弊者，每次扣 10 分；

8. 体育不达标者，每次扣 5 分；

9. 参加社团活动积极者，经活动主办部门认定，加计 2~4 分；

10. 有独特的创业理念，能够积极拓宽创业基地的建设，经学校有关部门认定后，加计 10 分；

11. 参加社会实践并撰写调查报告者加计 3 分，获得一、二、三等奖者，分别再加计 5 分、3 分、2 分；

12. 各班各类学生干部和具体工作成员工作认真负责、成绩突出者，经本班辅导员认定，每周加计 2 分；工作不认真、有严重失误者扣减 2 分；

13. 校内社会活动表现积极者：

（1）班内劳动卫生工作的模范加计 2 分；

（2）学校每周评选的"星级宿舍"，宿舍每人加计 2 分；宿舍卫生差，班内通报批评的扣 2 分，学校通报批评的扣 3 分；

（3）其他好人好事加计 2 分。

第七条 违反学校相关规定，受到学校行政纪律处分的学生，在学期末学生量化考核总分中根据不同情况分别扣分：

（1）警告处分一次扣 5 分；

（2）严重警告处分一次扣 10 分；

（3）记过处分一次扣 15 分；

（4）留校察看处分一次扣 20 分。

第五章　考核结果的使用

第八条 学生素质教育培养目标量化考核结果是学生推优、评奖的依据：

（一）考核结果是学生评选优秀团员干部、优秀团员、三好学生、优秀学生干部等的基本依据。

（二）考核结果是学生评定奖助学金的重要依据。

第九条 根据量化考核结果采取不同方式教育：

（一）对量化考核结果在 60~75（不含 75）分范围内学生，要采用各种形式加强监督，促其进步。

（二）对已经接近 60 分的学生要亮黄牌，以示警告，促其觉醒。

（三）对达不到 60 分的学生，辅导员要做深入细致的教育工作，使学生认识继续发展的危险性和严重性，并积极与家长联系，做好后进生的转化工作，对多次教育无效的学生可视情况给予相应处分直至开除学籍。

第十条 根据量化考核结果填写学生毕业登记表，量化考核结果要装入学生个人档案。

第十一条 本办法从院长办公会通过之日起执行，由学工部（处）负责解释。

后　　记

高教〔2006〕16号文件指出，高等职业院校要坚持育人为本，德育为先，把立德树人作为根本任务。我校在育人过程中，必须切实、全面地实施素质教育，将社会主义核心价值观融入人才培养全过程，有效地加强职业道德教育，加强学生的诚信品质、敬业精神和责任意识、遵纪守法意识的培养。

《职业伦理和行为规范》紧密结合学院"三位一体"的人才培养模式，坚持符合高职学生特点、突出高等职业素质教育特色这一基本思路进行编写，重在培养学生的职业道德修养，加强高职学生的日常行为规范。本教材主要有以下三个特色：

第一，在教材内容的选取上，从观念意识的树立、思维方式的建立和行为习惯的养成等方面入手，注重学生职业素质的形成；

第二，在教材内容的组织方面，始终坚持以案例贯通各章节内容，所用案例真实、恰当；

第三，注重教材内容的实施，学校把素质教育标准引入课堂，把教学延伸到学生日常管理中，把学生成长纳入课程考核，努力把学生培养成"知礼仪、守规矩、讲诚信、强技能、有特长"的优秀金融职业人才。

本书在编写过程中得到了校党委的大力支持和帮助，学校各职能处室领导和同事们也给予了大力的支持和配合，编写过程中我们充分借鉴和吸收了国内兄弟院校及相关领域专家、学者的理论研究成果和实践成果，在此，编者不再一一赘述，我们谨向所有支持和帮助过我们的领导和同事表示最诚挚的谢意！向国内兄弟院校及相关领域专家、学者表示最诚挚的谢意！

本教材第一章至第六章的内容由闫晋虹、冯彩云、成杰芳编写，第七章至第十章的内容由王佳编写。参加统稿和修改工作的同志有：牛惠斌、王增民、刘磊等。在此，表示衷心的感谢！

由于编者水平有限，加之时间紧任务重，本书在编写过程中难免有一些不足之处，敬请广大师生批评指正，并提出宝贵的意见。

编　者

2016年8月